科学养狐技术

郑庆丰　主编

中国农业大学出版社

主　　编　郑庆丰

副 主 编　刘丽华　孙红梅

顾　　问　刘洪玉

编写人员　（按姓氏笔画为序）

王会杰　史宝昌　史昊玲　李志才

李　洪　李振林　张禄昌　杨东兴

郝志田　郭瑞芬　郭俊芳

前　言

狐是珍贵的毛皮动物之一，由于其经济价值较高，又易于驯养、繁殖，所以，养狐已成为现代畜牧业中新兴的并具广阔前景的养殖产业。

改革开放以来，在党的富民政策指引下，促进了养狐业的迅猛发展。从事养狐生产的专业场、户，数量越来越多，饲养规模越来越大。养狐业的发展又拉动了饲料、毛皮加工等相关产业的发展。目前，在部分地区养狐业已成为农民增收、脱贫致富的重要途径。

为适应养狐业大发展的需要，我们在总结秦皇岛地区养狐经验的基础上，参考了国内有关文献，本着“看得懂、学得会、用得上”的原则，编写了《科学养狐技术》这本实用小册子。全书共8章，内容包括：狐的生物学特性、狐的繁殖、狐的育种、狐的饲料、笼养狐的饲养管理、狐场的建设与管理、狐毛皮的初加工及狐病防治。

本书可供从事畜牧养殖生产的专业技术人员和广大养狐专业场（户）的技术人员、饲养人员学习参考，希望能起到抛砖引玉的作用。

本书编写过程中，承蒙秦皇岛市畜牧局朱宝友先生、秦皇岛市动物检疫站高级兽医师李钟英先生、秦皇岛市兽医工作站高级兽医师袁守奎先生提供宝贵的资料及相关方面的具体指导、昌黎县畜牧局畜牧师史宝昌先生曾协助摄取相关图片，秦皇岛市畜牧工作站农业技术推广研究员刘洪玉先生予以审改，在此一并致以诚挚的谢意！

由于我们的水平有限，书中不足和错误之处敬请同仁和广大读者批评指正。

编者

2008年8月

目　录

第一章　狐的生物学特性

第一节　狐的品种、形态

人工饲养的狐，属于肉食目、犬科，有两个属，即狐属和北极狐属。目前，人工饲养的狐分布较广、繁殖数量较多的有如下几个品种。

一、赤狐(草狐、红狐)

(一)分布

赤狐是狐属动物，是分布最广、数量最多的一种。在我国除台湾、海南岛及南海各岛屿以外，其他各省、区均有分布。

(二)外貌

赤狐体躯细长，四肢较短，颜面长，吻尖、尾长而蓬松。毛色变异较大。标准的赤狐其头、躯、尾为赤褐色，深者赤色，浅者黄褐色、灰褐色。四肢呈黑色或黑褐色，腹部颜色为浅灰褐色，耳背面为黑褐色，尾尖呈白色。赤狐体长60～90厘米(平均70厘米)，尾长40～60厘米(平均45厘米)，体重5～8千克(平均6千克)。齿式$\frac{3.1.4.2}{3.1.4.3}$=42枚。

(三)生产性能

我国内蒙古、东北产的赤狐毛皮，毛长、绒厚、色泽光润，针毛齐全，品质最佳。人工养殖的赤狐交配期是1～3月份，怀孕期平均52天(49～57天)，胎平均产仔5.5只(5～8只)。有效繁殖年限为6～8年，赤狐寿命10～14年。

二、银黑狐(银狐)

(一)产地

银黑狐原产于北美北部和西伯利亚东部地区，是赤狐在野生环境下的变种。该品种是人工养殖数量最多的一个品种。

(二)外貌

银黑狐基本毛色是黑色，嘴尖、耳长，脸上有白色银毛构成银白面罩，其吻部、双耳背部、腹部和四肢部毛色为黑褐色，背部及体侧呈银色，绒毛为黑褐色，尾尖为白色。

人工饲养的银黑狐体型较大，成年公狐体重为5.8～7.8千克，体长为66～75厘米，母狐体重为5.2～7.2千克。齿式同赤狐。

(三)生产性能

银黑狐经多年的人工培育，其体型较大，适应性强。毛绒品质好，毛皮价格昂贵。每年1～3月份为发情配种期，怀孕期为52天(49～57天)，胎产5.5只(3～8只)，种用年限为6～7年，寿命10～12年。

三、北极狐(蓝狐)

(一)产地

北极狐原产于亚、欧、北美洲的北部，接近北冰洋一带。

(二)外貌

北极狐体型比银黑狐小，四肢短、嘴短、耳小、体较肥胖。具有非常稠密的短绒和较不发达的柔软针毛。北极狐有黑色和浅蓝色两种色型。白色北极狐，毛色在冬季是白色，夏季色变深。蓝色北极狐毛色大量变异，由浅黄到深褐色，从浅灰到深蓝到近黑色的。

母狐体重4.5～6.0千克，公狐体重5.5～7.0千克，成狐平均体长64～70厘米(公狐比母狐大5%～7%)，尾长25～30厘米。齿式同赤狐。

生产性能:浅蓝色北极狐的毛皮经济价值最高。北极狐具有胎产仔多的性能,胎平均产仔 8～10 只(笼养有胎产 24 只的记录)。种用年限为 5～6 年,平均寿命 8～10 年。

四、十字狐

十字狐原产于亚洲和北美洲。体型似赤狐,四肢和腹部被毛呈蓝黑色,头、肩、背呈褐色,在前肩与背部有十字形花纹。

第二节　狐的生境及特点

一、生境

狐在野生状态下,喜欢栖居在森林、草原、丘陵、荒地和丛林有河流、溪谷、湖泊的地方。常以树洞、土穴、石缝或墓地等光线黑暗的自然空洞为穴窝,栖息地隐蔽程度好,轻易不被人发现。北极狐在欧、亚、美洲北部和接近北冰洋地带,生活在沿海、河流沿岸的海岛,喜沼泽地。银黑狐栖息在北美大陆北部和西伯利亚东部地区。

二、食性

狐是肉食动物。野生状态下,以鱼、蚌、虾、蟹、虫类、鼠类、鸟类、昆虫、野兽和家畜家禽及其尸体、粪便为食。有时也采食浆果、植物的种子、根、茎、叶等。人工饲养狐的主要食物有:鱼、肉、蛋、乳、血及下杂类;谷物子实、糠麸、饼渣等;还有蔬菜类以及食盐、骨粉、维生素等添加食物。

三、习性

狐生性具有机警、狡猾、多疑的特点,喜欢昼伏夜出。野生北极狐有时呈多数聚集而居(曾有发现一个洞穴内集居 20～30 只狐)。人工饲养的狐,喜安静,怕惊吓。

四、换毛

成年狐每年换毛一次，在早春3～4月份开始，其脱毛顺序是先从头、前肢开始；其次为颈、肩、后肢；然后前背、体侧和腹部；接着是后背；最后为臀部与尾部。新毛生长部位的顺序与脱毛先后顺序相同。夏毛比冬毛阴暗，在接近7～8月份时，大部分狐的冬毛全部脱落。冬毛的生长在7～8月份开始。狐在春天长出的毛，在一年内都保存着，但在夏初它的生长便停止了，而从7～8月份起又重新开始生长。狐的冬季毛茸的构造与夏季的不大一样。

北极狐有两次换毛，春季换毛在3月底开始，将冬季毛茸换成夏毛；秋季换毛是在10月底开始，将夏季毛茸换成冬季的毛茸。12月份全身全部为冬季毛茸。

五、天敌、寿命

银黑狐的寿命为10～12年，北极狐的寿命为8～10年；有效繁殖年限为银黑狐6～7年，北极狐5～6年。超过此年限则繁殖力下降，丧失种用价值。在野生状态下，狐的天敌是狼和猞猁。

六、狐的一般生理常数

狐的一般生理常数见表1-1所示。

表1-1 银黑狐、北极狐生理常数

项目 年龄	体温		脉搏		呼吸	
	平均	范围	平均	范围	平均	范围
幼狐	39.5	39.2～39.8	85	60～110	34	25～50
成狐	39.3	38.8～39.6	85	60～110	29	21～30

第二章　狐的繁殖

第一节　狐生殖系统的解剖特点

狐同其他犬科动物一样，生殖系统的解剖构造及特点与犬相似。

一、公狐生殖器官

公狐生殖器官是由睾丸、附睾、输精管、阴茎及副性腺组成。

（一）睾丸

公狐有一对睾丸，呈卵圆形，由睾丸囊包裹着，位于鼠蹊部阴囊里。睾丸是产生精子并分泌雄性激素的腺体。

（二）附睾

狐的附睾为一长管状，紧贴于睾丸之上。它含有错综盘曲的附睾管。附睾分头、体、尾3部分。附睾的作用是运输、浓缩和储存精子。精子只有在附睾内通过，才能成熟。

（三）输精管和副性腺

1. 输精管：输精管和附睾相接，其功能是把精子从附睾尾输送到尿道。

2. 副性腺：狐的副性腺主要是前列腺和尿道球腺。前列腺较发达，包围在尿道的周围。尿道球腺小而坚实，位于尿道后端骨盆腔附近。其主要功能是在射精时，分泌并排出前列腺和尿道球腺的分泌物，尿道球腺分泌物主要作用是清理和冲洗尿道；前列腺分泌物主要作用是稀释精液和提高精子活力。

(四)阴茎和包皮

1.阴茎:公狐的阴茎呈圆棒状,长70～100毫米,粗10～15毫米。阴茎包括阴茎根、阴茎体和终于游离端的龟头。阴茎根部连接坐骨海绵体肌。整个阴茎富含海绵组织,尤其是龟头部分海绵组织更丰富、更发达。阴茎里有一根长65～95毫米长的阴茎骨,该骨的中间带凹而尖端呈钩状。

2.包皮:狐的包皮宽而短,由腹部皮肤凹陷而形成,完全包裹着退缩的阴茎游离端即龟头。

二、母狐生殖器官

母狐生殖器官包括卵巢、输卵管、子宫、阴道和外生殖器。

(一)卵巢

狐的卵巢呈扁圆形,直径4～5毫米,腹面黄白色,背面红褐色,完全被一脂肪腔包围。包围卵巢的脂肪与卵巢间有缝隙,形成一个封闭的卵巢囊。卵巢有两大功能:一是卵巢周期性产生可受精的卵子;二是卵巢产生比例均衡的类固醇激素,以维持生殖道的发育,有利于早期胚胎的迁移,并使胚胎成功地在子宫内附植、发育。

(二)输卵管

狐的输卵管很细,与输卵管系膜粘在一起,盘曲在卵巢囊上,不易观察到。输卵管的功能是接纳卵巢排放出的卵子,卵子与精子在输卵管内发生受精,并将受精卵输送到子宫角内。

(三)子宫

狐的子宫属双角子宫,由左右两个子宫角、一个子宫体和一个子宫颈构成。子宫角长75～85毫米,粗3～5毫米,子宫体35～40毫米,粗12～15毫米,子宫颈是括约肌样结构,向后突入于阴道内,长4～5毫米,宽8～10毫米(静止期)。子宫的生理功能:一是在交配时,由于它的收缩作用,有助于精子向输卵管运行。二是当受精卵(胚胎)在子宫附植时,子宫内的子宫液有助于维持胚胎的发育。三是子宫是胎盘形成和胚胎、胎儿发育的地方。

(四)阴道

狐的阴道全长10～12厘米,两端较宽阔(直径15～17毫米)中间较狭窄(10～12毫米)其上端与子宫颈的连接处形成拱形结构,即阴道穹隆。穹隆处的黏膜肥厚坚硬,在交配时公狐的龟头第2次膨胀时就被钳置于此,致使发生连锁现象。阴道是交配时容留公狐阴茎及精液注入贮存的地方,也是胎儿、胎盘产出的通道。

(五)外生殖器

狐的外生殖器包括大阴唇、小阴唇、阴蒂和前庭腺,统称为阴门。阴门在静止期凹入皮肤之内,外观不明显,但在发情期会出现一系列形态上的不同变化。这种变化正是外观发情鉴定的重要依据。

第二节　笼养狐的繁殖特点

狐属于季节性一次发情动物,一年只繁殖一次,繁殖季节在春季。

一、性成熟

笼养狐性成熟年(月)龄一般为9～11月龄,其中公狐较母狐性成熟稍有提前。性成熟依其营养程度、遗传因素的不同,个体、品种间的性成熟月龄也有所差异。

笼养野生狐,无论是当年狐,还是经产狐,引种当年的繁殖率均较低。其原因是由于当年还没有适应笼养环境的结果,而并不是性成熟迟缓而致。

二、性周期

狐的生殖器官受光周期影响而出现明显的季节性周期变化。

(一)公狐的性周期

公狐的睾丸在静止期(5～10 月份)直径 5～10 毫米,质地坚硬,附睾中没有成熟的精子,阴囊布满被毛,贴于腹侧,外观不明显。睾丸一般从秋分开始发育至小雪(11 月下旬)其直径达 16～18 毫米,冬至以后生长发育速度加快,到翌年 1～2 月初直径可达 2.5 厘米左右。此时睾丸质地松软富有弹性,附睾中有成熟的精子,阴囊被毛稀疏,松弛下垂,明显易见。此时公狐开始有性欲要求并可进行配种。

整个配种期延续 60～90 天,此期间公狐始终保持性欲要求,但在配种期的最后 1 个月内性欲逐渐降低,该时期公狐的性情比较暴躁,有时出现扑咬母狐的现象,但对发情好而温顺的母狐仍可达成交配。

交配期结束后,公狐睾丸很快萎缩,性欲也随之减退直至消失,到 5 月份又恢复到静止期大小状态。

幼龄公狐的性器官随身体增长而不断发育,直至性成熟后,年周期变化与成年狐相同。

(二)母狐的性周期

1. 母狐生殖器官的年周期变化:母狐生殖器官的生长发育与公狐相类似。在夏季(6～8 月份)母狐的生殖器官也处于静止状态,该时期卵巢、子宫和阴道的体积最小(萎缩)。8 月末至10 月中旬(从秋分开始)卵巢的体积逐渐增大,滤泡也开始发育,黄体开始退化。到 11 月份黄体消失,同时滤泡迅速增长。翌年银黑狐接近 1 月中旬、北极狐接近 2 月中旬开始发情、排卵,此时子宫和阴道也随卵巢的发育而体积、重量明显增大。整个发情期是由 1 月中旬至 4 月中旬(银黑狐 1 月中旬至 3 月中旬;北极狐 2 月中旬至

4月中旬)，母狐的两侧卵巢交替、多次排卵。受配并准胎后的母狐，则进入妊娠和产仔期。未受孕的母狐则又恢复到静止期。

2.发情周期：母狐发情周期和犬科动物一样，属于季节性一次发情，每个繁殖周期仅一次发情，其发情周期具有如下特点：

(1)发情时间：银黑狐的发情时间自1月中旬至3月中旬，北极狐的发情时间自2月中旬到4月中旬。经产母狐的发情早于初产母狐，饲养管理好、体况适中的狐发情要略有提前。正常饲养管理条件下，银黑狐集中在2月上、中旬发情排卵，而北极狐则在3月上、中旬发情排卵。

(2)发情周期及症状：狐的发情期延续5～10天(北极狐为9～14天)，根据生殖器官的变化及行为表现和精神状态，通常把发情期分为发情前期、发情期、发情后期。把没有发情表现的非繁殖期称之为乏情期。为便于观察和掌握阶段的变化，又将发情前期细分为发情前一期和发情前二期。繁殖期母狐阴门外观变化见图2-1。

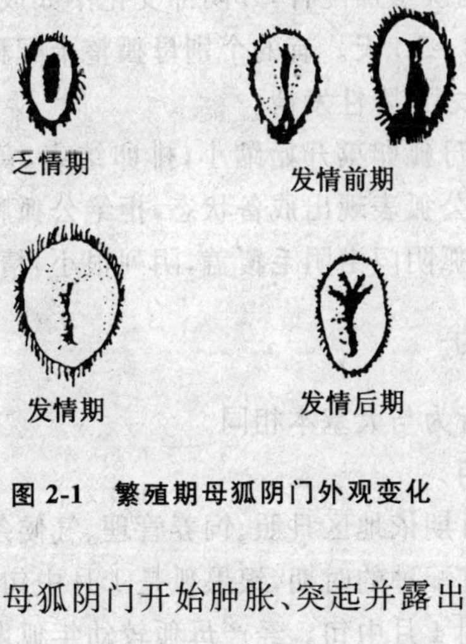

图2-1　繁殖期母狐阴门外观变化

发情前一期：母狐阴门开始肿胀、突起并露出阴毛外，阴道内流出具有特殊气味的分泌物，开始出现趋向异性、兴奋、活跃的表现。阴道内容物涂片可见白细胞占多数。此期一般持续 2～3 天。

发情前二期：母狐阴门极度肿胀、光亮、突起明显，触之硬而无弹性。阴蒂几乎呈圆形。此时期母狐精神兴奋、追逐公狐，但当公狐企图爬跨时，母狐却又表现防卫和咆哮。阴道涂片可见有核和无核细胞数量基本相同。此期持续时间为，银黑狐 1～2 天，北极狐 2～3 天（注意：此期内，特别活跃的公狐即便与母狐交配，但也不能受孕）。

发情期：此时期成熟的卵细胞逐渐排放（排卵），阴道内容物涂片可见角质化的无核细胞占多数。母狐阴门呈圆形、外翻、弹性减弱，颜色变得较深（暗红色）而且上部有轻微的皱褶。分泌物呈白色、微黄或凝乳状。此期母狐食欲减退甚至废食 1～2 天，精神表现较为安静，极度愿与公狐接近。当公狐走近时，母狐则温顺地把尾翘起并歪向一侧，安静地站立不动、等候交配。该时即为最适交配期，可持续 2～3 天。

育成母狐初次参加配种，外阴部变化不如成年母狐的明显，整个发情期延续 8～10 天。有的个别母狐整个配种期的发情表现都不明显，这类称之为隐性发情。

发情后期：母狐卵巢开始缩小，排卵结束，黄体开始形成。阴门逐渐萎缩，对公狐表现出戒备状态，拒绝公狐爬跨。

乏情期：母狐阴门由阴毛覆盖，阴列很小，精神恢复正常。

三、性行为

狐的交配行为与犬基本相同。

（一）配种期

狐的配种日期依地区日照、饲养管理、气候条件的不同影响而有所差异。适宜配种的时期，银黑狐是 1 月中旬到 3 月中旬，北极狐是 2 月中旬到 4 月中旬。经产母狐较幼年狐发情稍晚些。具体到一天，早晨、傍晚和阴天、风雪天及凉爽天气公狐比较活跃，活动频繁，是放对配种的好时机。而中午及气温高的天气，狐则表现懒惰，交配也不易成功。

(二)交配行为

狐和其他动物一样，有其固有的交配行为，狐的性行为是发情的公母狐相互表现出一种协调的、由动物体内部和外部的特殊刺激而引起的特殊反应。这种反应，公狐和母狐各有不同的表现形式。

1. 求偶：进入繁殖季节，狐发出一种特殊的“嗷嗷”吼叫声，特别是在晚上这种叫声又大，又频繁，这是求偶的叫声。狐分泌特殊气味也较平时更浓，这是求偶气味。这种求偶的叫声和气味可起到诱导发情的作用。求偶是公母狐交配前必经的过程，不过有的狐求偶时间长些，有的时间短些。发情的公母狐放入同一笼后，开始相互嗅闻对方的阴部，而后，公狐则围绕母狐四周频频排尿，圈定自己的势力范围，以示这只母狐被它占有。母狐则表现温顺，很快公、母狐站立起来，双方用前肢互推对方，进行戏耍性咬逗，经短时嬉戏后，母狐站立不动并自动将尾翘起并歪向一侧，静候公狐交配。

2. 交配动作：公狐经过求偶阶段后，有了较强的性冲动，这时公狐很快就会举起前足爬跨于母狐背上，后躯频频抽动、鼠蹊部紧贴于母狐臀部，阴茎勃起而突出到包皮外并进入母狐阴道。公狐臀部急促抖动、呼吸加快，然后眯起眼睛，静停 1～2 分钟，尾根轻轻扇动，说明交配基本成功。射精后公狐即从母狐背上滑下、转身，由于此时公狐阴茎仍滞留在母狐阴道内，则出现公母狐臀部相对的“连锁”现象。“连锁”过程中，公狐仍可继续射精。有时母狐表现烦躁不安，并不时地回头恐吓、扑咬公狐，而公狐则只是表现躲避、很少还击。连锁的时间一般为 20～30 分钟(少则几分钟、长者可达 2 小时)。公母狐交配后，若未出现连锁现象，则不能算作交配成功。

交配结束、分开后，公狐表现疲劳并安静地卧在一旁，对母狐已失去兴趣。而母狐此时则表现出特有的兴奋，在公狐身旁，对着公狐以前肢匍匐，蹦来蹦去，摆头晃尾，表示对公狐的好感和谢意。

3. 交配时间：银黑狐交配延续时间平均为 15～20 分钟，北极狐平均为 20～30 分钟。值得注意的是，如果公母狐在一起交配不到 1 分钟或没见“连锁”现象的，必须立即捕捉母狐，对其进行阴道内容物检查，看是否有精子，以确认是否交配成功。

（三）交配频度

在一个配种期内，公狐的配种能力能维持较长的时间，约有 65％的狐在 15～22 天以上；20％的狐在 8～15 天；15％的狐在1～7 天。在一个配种期间，一只公狐一般可交配 2～3 只母狐，配种次数 6～16 次。个别公北极狐可交配 8～9 只母狐，银黑狐可交配 6～7 只母狐。一般一只公狐一日可配 2 次，但 2 次之间应相隔 3～4 小时以上。

（四）性和谐与性抑制

性和谐：母狐进入发情期后，有强烈的求偶欲，公、母狐相互间非常和谐，一般从不发生咬斗现象。

性抑制：一是个别公、母狐有较强的择偶性，对放给的配偶有挑选行为；二是部分公母狐因受惊恐或被咬伤后而出现暂时或长时间的性抑制现象。公狐失去配种能力，惧怕母狐或乱咬母狐；三是母狐虽已发情，但惧怕公狐接近和拒绝交配。性抑制往往会导致母狐失配而造成空怀。

四、妊娠

狐的妊娠期平均为 52 天（49～57 天）。母狐于妊娠 35～40 天后变得性情温顺、平静，食欲开始逐渐增加，此时胎儿发育至5～10 克，从狐腹部即可触摸到子宫内的串状物。妊娠 40～43 天后胎儿的胎毛长出。北极狐随怀孕日期增长其腹部下垂逐渐明显，背凹陷，腹侧毛被竖立形成纵裂，行动迟缓。对周围的物、声、人表现极为敏感、惊恐不安，喜欢躺卧。

五、产仔

(一)产仔期

狐产仔一般在3～5月间，银黑狐多在3月下旬到4月上旬产仔；北极狐多在4月中旬到5月中旬产仔。母狐产仔多在夜间、早晨或傍晚，白天产仔的则很少见。一般每胎产仔所需时间为1～2小时，每只仔狐产出间隔为5～10分钟。个别母狐产仔时间也有长达15～20小时的。

(二)产仔行为

母狐在产前几天就会自行拔掉乳房周围的毛绒，露出乳头，以便于仔狐吮乳。同时用拔下的毛绒絮窝。到临产前，母狐食欲减退或拒食1～2顿。精神表现不安，在笼内走来走去，频频出入小室，回头顾腹并时而出现阵痛呻吟，侧卧于小室内待产。仔狐产出后，母狐用嘴咬断脐带，舔净仔狐身上的黏液，吃掉胎盘，产仔结束后母狐即行给仔狐喂奶。

(三)产仔能力

狐是多胎动物，品种不同，胎产仔数也不一样，一般地讲，银黑狐平均胎产仔4～5只(多者可达9只)。北极狐胎平均产仔7～8只(多者有达15只的)。初生仔狐平均体重，银黑狐80～100克，北极狐为60～90克。仔狐出生后14～15天睁眼，18～25天可以开始吃食补料。

六、哺乳母狐及仔狐的行为

一般母狐的母性都较强，生有4～5对乳头，产仔后很少走出小室，安静地在小室中哺育仔狐。

出生仔狐双眼紧闭、无齿、无听觉，身上长有稀疏的胎毛，出生后 1～2 小时仔狐身上胎毛干后，仔狐就会自己爬行寻找乳头吮乳，吃过乳的仔狐便又沉睡，直至再行吮乳才醒来嘶叫，吮乳正常间隔时间为 8～9 小时，吃饱后仍处在睡眠状态。

哺乳期的母狐非常喜爱自己的仔狐，在正常情况下，除吃食时走出小室，其他时间一般不离开小室。但如果母狐受到高度惊吓、刺激后，个别母狐会出现遗弃或践踏仔狐的现象。

母狐的泌乳能力很强，仔狐生长发育的也很快，仔狐一般到 18～25 日龄即可以开始采食，45～60 日龄可断乳分窝，幼狐开始独立生活。

仔狐在 30 日龄前，母狐哺乳仔狐时多采取躺卧式，30 日龄后母狐便多以站立方式哺乳仔狐。哺乳的同时，母狐逐个舔舐仔狐肛门，吃掉它们的排泄物或用嘴叼到室外，以保持小室的清洁卫生。当仔狐刚会吃食时，母狐还会往小室内叼食给小狐吃，直到小狐能自己走出小室去吃食为止，母狐就不再为仔狐舔舐肛门和清理小室内的粪便了。

当仔狐接近到断乳时，母仔关系开始疏远，尤其是吃乳时，母狐会乱走动，以躲避小狐，有时甚至还会恐吓和扑咬幼狐。这是母狐泌乳不足，不愿再为幼狐哺乳的原因。

第三节 笼养狐的繁殖技术

一、狐的发情鉴定技术

(一)公狐的发情鉴定

公狐发情鉴定比较简单，一是观察行为表现，二是检查睾丸发育情况。

发情的公狐表现活泼好动，采食量较正常有所下降。排尿次数增多(跷起一后肢,斜着往笼网上排尿),尿液具有特殊的"狐香"气味加浓,不断发出急促的求偶声。对放进同笼母狐表现亲近。

除观察上述行为表现外,还可通过触摸检查狐的睾丸,鉴定有无交配能力,睾丸发育正常,膨大并下垂到阴囊中,如鸽卵大,其质地松软而有弹性,则视为发情并具有交配能力的状态。

(二)母狐发情鉴定

母狐的发情鉴定较公狐相对复杂些,常用的鉴定方法有外部观察法、放对试情法、阴道内容物涂片法和测情器法。

1. 外部观察法:外部观察法是发情鉴定常用的一种方法,主要是观察母狐的精神状态,性行为变化,特别是以外阴部形态变化特征来判断母狐是否发情。该种方法简便、实用,但要求检查人员应具有一定的实践经验。

发情期的母狐,精神极度不安,食欲减退或拒食1～2顿,不断发出急促的求偶叫声。外阴部肿胀、外翻,呈粉红或暗红色,阴蒂暴露呈圆形或椭圆形。阴道分泌物呈黏稠白色或黄色凝乳状。此时把公母狐放进同一笼内,母狐表现较为安静,当公狐接近时,母狐会自动将臀部朝向公狐,并把尾翘起歪向一侧站立不动,接受公狐交配。此时为最佳配种期,一般可持续2～3天。

幼龄母狐初次参加配种,外生殖器变化不如成年狐明显,不可完全按上述外观特征判断适配期,可根据母狐的试情状况综合判断。

2. 放对试情法:放对试情法就是将公母狐放进同一笼里,根据母狐性欲表现对公狐做出的反应情况来判断其发情程度。该法由于让狐自身进行识别,所以比较准确可靠。而且表现直观、易于掌握。

选用的试情公狐标准应该是:公狐体质健壮,性欲旺盛,无扑咬母狐的恶癖。

试情时,一般是将试情公狐放入母狐笼内。当发现母狐有嗅闻公狐阴部，频频排尿，相互爬跨、母狐翘尾并歪向一侧，站立不动，静候或迎合公狐交配的表现，则可认定该母狐进入最佳受配阶段。遇有试情公狐性欲不强时，发情母狐甚至会钻入公狐腹下或爬跨公狐，以刺激公狐交配。

采用试情法进行发情鉴定，可以较准确地确定属于“安静发情”、“短促发情”母狐的适宜交配期。

通过试情，还可起到异性刺激的作用，达到促使发情的目的。

3. 阴道内容物涂片检查法：涂片检查法是鉴定母狐是否发情延用已久的一种方法。该方法是用灭菌棉球蘸取母狐的阴道内容物，制作涂片，在显微镜下放大 200～400 倍观察，根据阴道内容物中白细胞、有核角化上皮细胞和无核角化上皮细胞所占比例的变化，判定母狐是否发情。如图 2-2 所示。

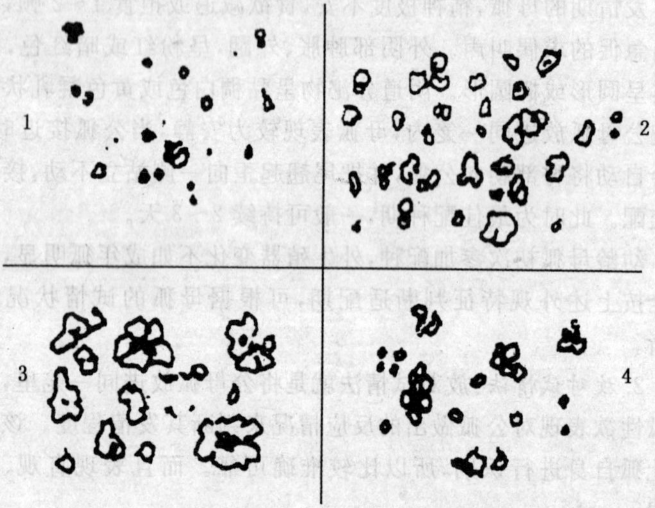

图 2-2　繁殖期母狐阴道内容物涂片变化

1. 乏情期　2. 发情前期　3. 发情期　4. 发情后期

乏情期：镜检可见到白细胞，很少见到角化细胞。

发情前期：镜检可观察到有核角化细胞不断增多，最后可见大量的有核角化细胞和无核角化细胞分布。

发情期：镜检可见到大量的无核角化细胞和少量的有核细胞。

发情后期：镜检可见到又出现了白细胞和较多的有核角化细胞。

涂片鉴定法适用于采用人工授精的狐场使用。

4. 试情器检测法：该法是利用试情器测试母狐的排卵期，以确定最适宜的配种时间。在养狐业较为发达的美国、加拿大及北欧国家采用此方法较多，特别是在以人工授精为主的养狐场，该种方法已成为判定适宜输精时间的重要手段。目前国内有些以人工授精为主的养狐场，也已开始应用该种方法。

具体方法是将试情器的探头插入母狐阴道内，通过读取试情器显示的数值，再根据每次测定数据记录的变化，确定母狐的最佳受配时间，如图 2-3 所示。

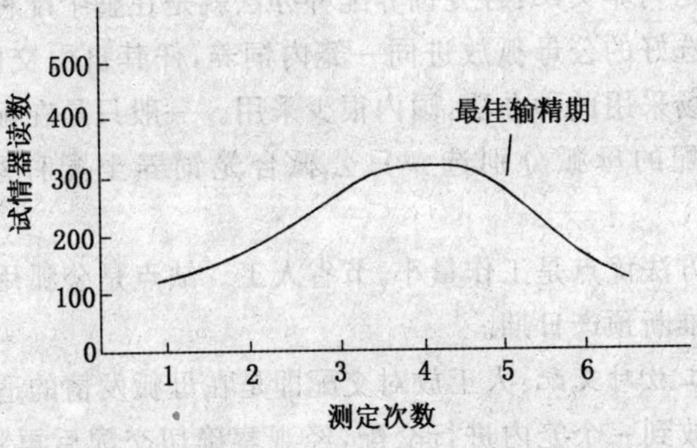

图 2-3　繁殖期母狐阴道试情器读数变化示意图

测定方法一般在每天相近的时间进行测定，测定一次，当数值上升缓慢时，可以每天测两次，当试情器显示数值持续上升到最高值后又开始下降时，此时即为最佳交配或人工输精的适宜时间。

应用该种方法时，要求测定人员动作迅速，读取数据准确，还要十分注意保持试情器探头卫生，避免交叉感染及传播疾病。应用试情器法通常要与外部观察法同时进行，综合判定。

在实践中，上述几种方法须结合进行，因场而定，灵活掌握。总体说应以外部观察法为主，以放对试情法为准。即在采用外部观察法，观察狐的外生殖器及其行为表现都有明显发情症状的情况下，才能进行放对，这样可以避免盲目性，而放对试情也是对外部观察法、涂片法测定结果的具体验证。这样会使发情鉴定更为准确。

二、狐的配种技术

（一）配种方法

狐的配种方法可分为自然交配配种和人工授精配种两种。自然交配又分为合笼饲养交配和人工放对交配。

1. 合笼饲养交配：合笼饲养配种办法就是在整个配种季节内，将事先已选好的公母狐放进同一笼内饲养，任其自由交配。国外有些养狐场采用此种办法，国内很少采用。一般只是在配种后期，把尚未受配的母狐分别选一只公狐合笼饲养至配种季节结束为止。

该种方法优点是工作量小，节省人工。缺点是公狐用量大，又不易准确推断预产日期。

2. 人工放对交配：人工放对交配即是在母狐发情的适当时间，把公母狐放到一个笼内进行交配，经观察确切交配后再将公母狐分开。目前多数养狐场均采用此配种方法。

（1）放对方法：人工放对的具体方法，一般是将经鉴定处于发情最适配种期的母狐放入公狐笼内，只要公母狐比较和谐，就要细心观察，力争达成交配成功，而后再及时分开。实践证明，配种时将母狐放入公狐笼内交配，比把公狐放入母狐笼内交配，更容易获得交配成功。

(2)放对时间的选择：放对一般应在早晨、傍晚和风雪冷凉天气为好。此时公狐比较活跃，是放对配种的好时机。而中午或气温高的天气，公狐的精神不活跃，表现懒惰，可见，如果放对时机选的不当，也会致使交配不易成功。

3. 人工授精配种方法(另述)

(二)配种方式

由于狐是季节性一次发情、陆续排卵的动物，所以其配种方式应采用连日复配的方式。

母狐排卵开始的时间一般较出现明显发情特征的时间要稍晚。卵细胞成熟并排卵一般可持续 3 天，而精子在母狐生殖道内可存活 24 小时，所以采用复配的方式可以提高母狐的受胎率。但复配与产仔数关系并不大(表 2-1)。初配后的母狐，第 2 天或连续第 3 天复配效果最好。有的狐初配后隔 1～2 天再次接受复配，这样的复配也是有益无害的。

表 2-1　不同配种方式对母狐繁殖力的影响

配种次数及方式	产胎率(%)	胎平均产仔数(只)
配种一次	68.5	4.66
初配后第 2 天复配	96.2	4.65
初配后隔天复配	95.8	4.68
初配后连续在第 2 天、第 3 天分别各复配一次	96.5	4.68

如果遇有母狐的择偶性较强，可更换公狐进行双重交配或多重复配。银黑狐一般需要配 2 次以上，北极狐则需要配 3～4 次效果更好。

商品狐生产场，可采用选 2 只公狐分别于上、下午各与该母狐交配一次的方法进行复配更为确切，但采用这样的复配所产的仔狐由于血缘不清，不宜留作种用。

（三）精液品质检查

精液品质的好坏，可直接影响到母狐的繁殖效果，通过检查可及时发现精液不良的种公狐，以便随时更换公狐补配。

具体检查方法是：取用直径0.8～1.0厘米，长约15厘米的吸管，轻轻插入刚受配完的母狐阴道内5～7厘米处，吸取少量的液体（含精液）涂在玻片上，置于200～400倍显微镜下观察。镜检时先确定视野中有无精子，然后再观察精子的活力、形状和密度。如果精子密度大，多数呈直线运动，形似蝌蚪、头尾分明，说明精液品质正常。否则如果出现无精子、死精多、精子稀少或多数精子呈圆周运动及畸形精子多的情况时，则说明这只公狐精液品质低劣。对经几次检查精液品质仍不达标的公狐，应予淘汰，移入商品狐群饲养。

检查精液品质时，应注意的几个环节：一是要在交配刚一结束，立即吸取阴道内液体。二是吸管要经严格消毒，尽量做到无菌。三是检测室的环境温度不低于20℃。四是镜检操作时，要多观察几个视野，综合做出正确判定。

（四）种公狐的训练与合理利用

认真训练和调教小公狐，合理利用种公狐，有效地提高种公狐的利用率，是顺利完成配种工作的重要保证。

1.育成小公狐的训练方法：由于育成小公狐一般胆子都较小，又没有配种经验，初次交配都比较困难。为促其早日胜任配种任务，应从如下几点强化训练：

（1）进入配种期，应及时将育成小公狐与有配种经验的成年公狐邻笼摆放，使其便于反复观看成年公狐交配的全过程。

（2）可以把刚与其他公狐交配完的母狐放进育成小公狐的笼内，让母狐诱导其进行交配。

(3)对性欲旺盛、有交配动作的小公狐,要选择发情好的母狐与其合笼放对。

(4)对发情不够明显的小公狐,每天让它有机会和发情好的母狐同笼“相处”一段时间,通过“异性刺激”,促使小公狐发情。

(5)初次参加交配的小公狐,当遇到母狐拒绝交配并出现敌对行为时,饲养人员要及时将公母狐分开,免得引起小公狐被咬伤或丧失性欲要求。

(6)饲养员训练小公狐时要有耐心,严禁粗暴地恐吓和扑打公狐。

2.种公狐的合理利用:种公狐的配种能力,个体间的差异较大,一般公狐在一个配种期内可交配 1～16 次,多者可达 19 次。为保持种公狐在整个配种期内都有旺盛的性欲并能充分发挥其自身的配种效能,饲养管理人员具体应掌握对哪些种公狐在配种旺季使用,让哪些种公狐配种后期发挥作用,哪些种公狐是主力,哪些种公狐作后补力量,均要做到心中有数并预先制定出合理的使用计划。

(1)在配种的前期和中期,总体上可掌握每日每只公狐可接受 1～2 次试情放对,1～2 次配种放对,每日可成功交配 1～2 次,如果公狐每日成功交配一次,连续 5～7 天后,应安排其休息 1～2 天后,再参加放对配种。

(2)视体质不同,区别对待:对体质弱的公狐,要限制其参加交配的次数,适当多安排休息时间;对体质好的公狐,在配种旺季可适当增加其参加交配的次数。

(3)对配种能力强、又有特殊“求偶”、“交配”技巧的公狐,要留作重点使用,适当控制交配次数,也就是既不可使其交配过于频繁,又不能让它因过于轻闲而表现消极。主要用这些种公狐和那些难配的母狐进行交配。

(4)遇有配种旺季尚未发情的公狐,要对其进行强化训练,使其在配种后期发挥重要作用。遇有配种期中途性欲下降的公狐，要查明原因，及时纠正，并从加强饲养管理入手，一般过一段时间即可恢复正常，仍可发挥配种作用。

3. 抓住时机，创造条件，最大限度提高种公狐的交配率：在配种季节，气温和环境对狐的精神、情绪和性欲影响较大，一般地说，相对温度越低，环境越安静，则公狐的精神越振奋，情绪越高涨，行为越活泼，性欲也越旺盛。为此，在安排配种方面，一是要抓住阴雪、有风、天气寒冷的时机，尽可能多地安排放对配种；二是在一天内，放对时间要安排在早晨和傍晚；三是为公母狐创造良好的外部环境，保持安静，即使是饲养人员观察放对，也不可过于靠近“放对”笼舍，避免造成性行为的抑制；四是在配种期内，对性欲旺盛的公狐要优先安排放对配种，每天交配 2 只母狐即可，但交配间隔不可少于 3～4 小时，以保证公狐健壮体况和良好的精液品质。

(五)配种期应注意的事项

1. 要确切掌握母狐的受配时间：狐的交配时间长短不一，射精时间却很短，仅才 1～2 分钟。饲养人员必须认真观察公狐射精动作，特别是对那些交配时间短的更为重要，以确定是否真正受配。必要时还要通过精液检查加以确认。另外，还要注意区别有两种无意义的交配，一是个别母狐在发情前期表现求偶强烈，遇有性欲旺盛公狐也能达成交配；二是有的母狐交配后 7～9 天，外阴部又出现肿胀和公狐放到一起也容易达成交配，但这两种情况下的交配是没有意义的。

2. 防止公、母狐咬伤：试情和放对配种时，如发现公、母狐出现敌对情绪，或相互咬斗现象时，要及时将其分开，避免发生因咬伤而影响配种。

3. 采取辅助交配办法：在配种过程中，一般不需人为帮助即可自行完成交配过程。但有的个别母狐，虽已进入发情阶段，但由于站立姿势不好，举尾不适或阴门位置不正而很难达成交配。这就必须采取人工辅助交配措施，其办法是：放对时先把母狐尾歪向一侧，用一只手抓住母狐头部（或用抓狐钳），把臀部朝向公狐，待公狐爬跨并有插入动作时，再用另一只手托住母狐的腹部，调正臀部位置，顺应公狐的姿势，即可使母狐达成交配。

4. 注意狐的捕捉和保定方法：狐具有较强的野性，抓捕比较困难，抓捕时要准确而迅速，避免捉伤和碰伤。保定时一只手抓狐的尾部，另一只手抓后颈部，不可抓四肢，以防因狐挣扎时折断。也不要采取粗暴手段捕捉。

5. 注意观察：发现有择偶性强的公、母狐，要及时调换与配异性。

三、狐的人工授精技术

狐的人工授精技术，早在 20 世纪 60 年代初期，中国农业科学院特产研究所就开始试验、研究，当时只对北极狐进行试验，近年来又对银黑狐、赤狐、彩狐、北极狐及它们之间的杂交种进行了多项试验研究工作，并取得了很大的进展。狐的人工授精技术在挪威、芬兰、瑞典、加拿大、美国等地开展的较早，发展的也很快，目前国内一般较大的养狐场也已采用此项技术。

（一）采精

1. 采精前的准备工作

（1）设备、器械准备：采精前要事先准备好采精用的公狐保定架，集精杯、稀释液、显微镜、电刺激采精器或假阴道以及冰箱、水浴锅和液氮罐等器械、设备。

（2）采精室的消毒、调温准备：采精室要清洁卫生，用紫外线灯照射 2～3 小时消毒灭菌。室内环境温度要保持在 20～25℃之间。

（3）操作人员要剪短指甲，洗手消毒。所用的集精器皿均应经过灭菌、烘干处理待用。

(4)挑选优良的种公狐，采精前将公狐的包皮用温开水洗净擦干。

2. 采精方法：人工采精有徒手采精法、电刺激采精法和假阴道采精法 3 种方法。

(1)徒手采精法：徒手采精法也叫按摩采精法。即将公狐固定于保定架上或由助手辅助保定使公狐呈站立姿势。操作人员用手快速而有节律地反复按摩公狐阴茎体和龟头部 20～25 分钟，每次按着“慢—快—快—慢”的节律周而复始地按摩，也可附带着用手指轻弹睾丸。促使阴茎充血勃起。当阴茎勃起时，操作人员用一只手将公狐的包皮捋开，再把阴茎转向后侧，用另一只手的拇指和食指轻轻挤压龟头尖端部位，刺激排精，用无名指和掌心握住集精杯接取精液。

初次采精操作人员不可急躁，一般经 2～3 天训练后，种公狐才能形成条件反射，每隔 1、2 天可进行一次采精。采精室的温度要保持 20～25℃，要求空气要新鲜。此种采精方法简单，不需过多的器械。但操作人员技术要熟练，种公狐要经过较好的训练。

(2)电刺激采精法：电刺激采精法是使用较多的一种方法，使用的电刺激采精仪，一般都是用牛、羊采精仪稍加改进，使用效果较好。

采精时先将公狐固定在采精架上(或躺卧在操作台上)，用一根针头刺入公狐第 3～5 腰椎之处的皮下，再把涂上润滑剂的另外一根探针插入直肠内约 10 厘米处。即可通电进行断续刺激，同时旋动采精仪的电压或电流旋钮，选择适宜的电压和电流，断续给予短促刺激即可排精。一般电流为 30 欧姆，电压 0.05～1 伏。

应用电刺激采精法，只要公狐处于发情期，一般都能采出精液，但该方法对公狐有明显的不良刺激。

银黑狐每次射精量为 1～1.5 毫升，北极狐为 0.62 毫升左右，精子总数平均为 9.47 亿个。

(3)假阴道采精法:应用的假阴道一般都是经过改进的羊用假阴道,先用发情的母狐与公狐接触并诱发公狐阴茎勃起后,操作人员将勃起的阴茎导入假阴道内让公狐自主排精。

该法由于对公狐调教工作量太大,再加之狐的野性较强,难以调教,所以生产上采用的较少。

(二)精液处理

1.精液品质检查:所采集的精液在使用或贮存前,需对精液的质量进行检查,检查项目主要是精子密度、活力和畸形率。检查的方法与自然交配时检查方法相同。原精的精子活力达 0.7 级以上,畸形率不超过 10%,则视为合格的原精。否则当精子活力低于 0.7 级,畸形率超过 10%的,则视为不合格原精。

2.精液的稀释:采到的精液经过镜检合格后,则进行稀释。具体稀释倍数要根据精液品质、母狐的输精量而定。总体以每只母狐每次所输入的精液量以含精子数不少于 3 000 万个为准。稀释液的参考配方见表 2-2。

表 2-2　狐精液常温保存的稀释液

1		2		3	
成分	剂量	成分	剂量	成分	剂量
胺基乙酸(克)	1.82	胺基乙酸(克)	2.10	葡萄糖(克)	6.80
柠檬酸钠(克)	0.72	蛋黄(毫升)	30.00	甘油(毫升)	2.50
蛋黄(毫升)	5.00	青霉素(单位/毫升)	1 000	蛋黄(毫升)	0.50
蒸馏水(毫升)	95.00	蒸馏水(毫升)	70.00	蒸馏水(毫升)	97.00

3.精液的保存:精液的保存可分为常温保存、低温保存和冷冻保存 3 种方法。

(1)常温保存:采到的精液经稀释后,如果预计在短时间即可用完,可采用常温保存的方法。具体方法是:将盛有精液的容器放在水温保持在 39～40℃的广口瓶内保存。保存的时间越短越好，一般不可超过 2 小时。如果在常温条件下保存时间过长（超过 2 小时），即便是活力较好，但受精能力也会下降。

（2）低温保存：稀释后的精液，如果在短时间内不用或用不完的话，可以放入 0～5℃的冰箱内保存。该保存法的保存期不可超过 3 天。

（3）冷冻保存：冷冻保存法是将稀释并经特殊程序化处理后的精液保存在零下 196℃的液氮内，该种方法的优点是保存时间长，便于携带运输，是较理想的保存方法。

（三）输精

1. 输精前的准备工作

（1）备足器械，严格消毒：一是要准备好保定架和足够数量的输精器（图 2-4）。二是输精器要事先经严格消毒后，放在消毒容器内备用，输精器的数量以当天待输精母狐每狐一只为准，避免交叉使用。三是输精操作人员的手要充分洗涤、消毒并用已消毒的毛巾擦干。同时还要准备温肥皂水用于清洗母狐外阴部。

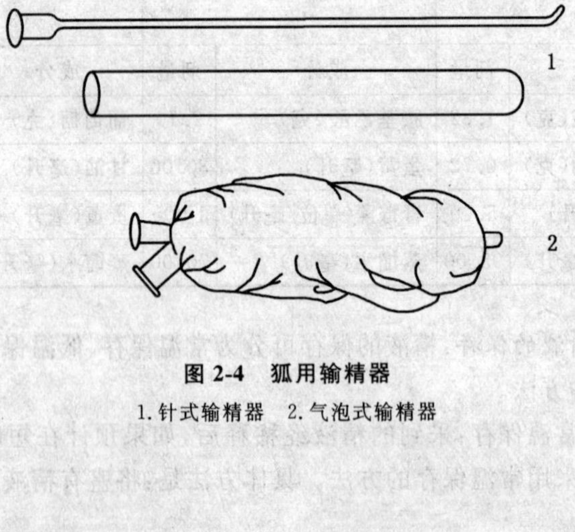

图 2-4 狐用输精器

1. 针式输精器 2. 气泡式输精器

(2)精液的升温或解冻:精液除常温保存的以外,在使用前需经升温或解冻处理。低温保存的精液,在使用前10~15分钟放入10~40℃的温水浴中升温。如果是用小容器分装的精液,也可直接置于25℃的室温条件下自然升温,放置半小时后即可使用。经冷冻保存的精液其解冻方法因剂型的不同而有所不同。一是细管或安瓿冻精解冻时,即将其直接放入30~40℃的温水杯中,待精液融化一半时,取出备用。二是颗粒冻精解冻时,将其投入有1~2毫升解冻液并置于30~40℃温水中的试管内,待精粒融解即可备用。

2. 输精方法:常用的输精方法有两种。一是采用输精针输精法;二是采用气泡式输精器输精法。

(1)针式输精法:该输精法是用一扩张管先将阴道撑开,再把输精针插入扩张管内,然后以一只手握住输精针,另一只手把握子宫颈,将输精针轻轻送入子宫内,用注射器将精液注入子宫内。使用一次性输精针时,要先将精液吸入到输精针内。

采用该种方法,一般都是将狐用麻醉剂处理,由于肌肉处于松弛状态,而便于把握子宫颈。该方法受胎率较高,操作方法简便,器械简单,是比较常用的人工输精方法。

(2)气泡式输精器输精法:气泡式输精器是仿效交配时连锁现象而制造的特殊的输精器械。具体操作时,先将输精器放入母狐阴道内,用注射器通过注入孔注入空气,使停在母狐阴道内的气泡胀气充满阴道,然后关闭通气孔。再通过输精孔注入精液即可。

该输精方法,操作时不需麻醉母狐,只需用保定器或一人保定即可,操作简单。但受胎率相对较低。

3. 输精时间及输精量与输精次数

(1)输精时间:人工输精判定具体输精的时间,一是可用试情器测定、并结合外部观察母狐外阴部的变化判定。二是采用试情法,当发现母狐翘尾静立,接受公狐爬跨时,即可判定为最佳输精时间。

(2)输精量:人工输精一般每次的输精量为0.5～1.5毫升,内含有效精子数不少于3 000万个为适宜。

(3)输精次数:输精次数和间隔时间要根据精液品质、精子存活时间及母狐发情表现而定。如果精液品质较差,精子存活时间较短,可连续输精3次,间隔24小时或稍短一些时间。如果精液品质优良,精子存活的时间较长,可连续输精2次,间隔36～48小时即可。一般的情况下,狐的人工输精都采用2次或3次输精。

四、产仔保活技术

(一)充分做好产仔前的准备工作

狐的妊娠期平均为52天,比较准确。在母狐临产前10～15天应做好如下准备工作:

(1)严格搞好产箱、小室的清扫、消毒。小室的消毒可用喷灯火焰灭菌。

(2)适时铺放垫草、注重保温。垫草以柔软而不易碎、又无芒刺的草为最好,如山草、乌拉草、软稻草等。垫草多少要视当地气候灵活掌握,北方天气寒冷则需多絮些比较安全。垫草除具有保温作用外,还有利于仔狐抱团和方便吮乳的作用,所以即使气候温暖,絮放的垫草也不可太少。垫草应在产前一次絮足,否则会因产后补草而惊扰母狐。保温的另一个措施是将小室缝隙用纸条临时糊好(多在产仔较早的情况下采用)。

(二)产仔及产后的仔细检查与精心护理

1.要注意难产的处理

(1)难产的症状:在母狐已到预产日时,要特别注意观察,当发现母狐出现临产症状,但迟迟不见小仔产出;母狐惊恐不安、频频出入小室、不断回头顾腹并有痛苦症状;已见羊水流出但长时间不见胎儿娩出;胎儿嵌于生殖孔处,久久娩不出来,这些症状均为难产的表现。

(2)难产的处理方法:当发现母狐难产并确认子宫颈口已经开张,一是进行药物催产,可肌肉注射脑垂体后叶素 0.2～0.5 毫升或肌肉注射 0.05 %麦角 0.1～0.5 毫升。一般经 1～2 小时即可陆续产出。二是人工助产,在经药物催产 2～3 小时后仍不见胎狐娩出的情况下,可实施人工助产,先用消毒药液对母狐外阴部消毒,之后以甘油做阴道内润滑剂,操作人员配合母狐努责动作,顺势将胎狐拉出。三是实施剖腹取胎手术,在催产和助产无效的情况下,可实施剖腹取胎手术,这样既可挽救母狐,又可保活仔狐。

2. 产后检查:产后检查是产仔保活的重要措施。主要采取听、看、检相结合的办法进行综合判定。

听、看就是听仔狐的叫声,看母狐吃食、粪便、乳头及活动情况。若仔狐很少嘶叫或嘶叫声音洪亮、短促有力,母狐食欲越来越好,乳头红润、饱满,活动正常则说明仔狐健康正常。否则说明仔狐出现异常,要随时检查。

检就是打开小室直接检查仔狐的情况如何,具体检查办法是:先将母狐引出小室外,关闭小室插板后再行仔细对仔狐直观检查。健康的仔狐在窝中抱成一团,个体间发育均匀,浑身圆胖、肤色较深,身体温暖,拿在手中挣扎有力。注意:检查时饲养人员要戴上线手套,不可使手上有异味(香脂、肥皂味),检查前用小室内垫草将手搓洗后再用手触摸仔狐为好。

检查时间:第一次检查应在母狐产仔完毕后的 2～3 小时内进行,之后的检查可根据听、看的情况而定。由于母狐的母性强、护仔性好,在一般的情况下,检查次数以少为好。但如果发现母狐不在小室里护理仔狐,仔狐嘶叫不停,叫声越来越弱时,必须及时检查,避免因延误抢救而造成损失。

个别母狐由于检查而使其不安,出现将仔狐叨起乱走的现象。若出现这种现象时,饲养人员可温和地将母狐哄入小室内,关闭小室插板 0.5～1 小时，即可得到纠正并使母狐安静如常。

3. 产后护理：仔狐主要是通过母狐亲自对其护理，以确保仔狐的成活。由于仔狐是赖以母狐而生长的，所以，如何保证仔狐吃好、吃饱奶，既是产后仔狐护理的重点，也是提高仔狐成活率的关键。

如发现产后母狐因乳头周围毛被没有拔掉而影响仔狐吮乳时，饲养人员应对其实施人工拔毛，拔去乳头周围的被毛，露出乳头，便于仔狐吮含乳头。

如发现母狐缺乳或无乳时，应及时将其仔狐安排给其他母狐代养。代养母狐应具备有效乳头多、奶水充盈、母性强，产仔时间和仔狐的大小要与代养母狐及其自窝仔狐相同或相近的条件。代养方法是先将母狐关进小室内，再把需被代养的仔狐身上涂上代养母狐的粪尿，放在小室门口，然后拉开小室插板，让代养母狐自己将被代养的仔狐叼进小室内。也可以将身上涂有代养母狐粪尿的被代养仔狐，直接放入代养母狐窝内，使其为之代养。应注意的是，代养后要观察一段时间，如果发现母狐不接受被代养的仔狐，要及时取出，为之另选新的代养母狐。

在整个哺乳期间，必须密切注意仔狐的生长发育状况，并以此证明哺乳母狐乳汁数量多少、质量好坏。遇有母狐乳汁数量少或乳汁质量不好而影响仔狐正常生长发育的，也要及时将其仔狐进行代养。

(三)仔狐的适时补饲和断乳

1. 补饲：仔狐生长发育很快，正常情况下，仔狐 18～25 日龄即可开始吃食，此时可单独为仔狐配制些易于消化的优质粥状饲料，开始，如仔狐还不大会吃饲料，可将其嘴巴接触饲料或把饲料抹在嘴巴上，训练它独立吃食。这种补饲的方法不仅可以有效地促进仔狐的生长发育，同时还能对幼狐起到很好的驯化作用。

2. 断乳：45～60 日龄以后，大部分仔狐都能独立采食和生活，应适时断乳。具体方法:一是一次性断乳,即将母、仔一次分开饲养,该法适用于仔狐生长发育良好,同窝仔狐大小均匀的情况。二是分期分批断乳法,即同窝仔狐数量较多,但发育不均匀,先将健壮的仔狐分出去,把弱小的仔狐暂时留给母狐继续哺育,待健壮后再陆续分出去饲养。

五、提高笼养狐繁殖力的综合措施

影响狐繁殖力的因素很多,归纳可以概括为遗传、营养、环境和管理几个方面,这些因素都是通过不同的途径,直接或间接地影响着狐的精液品质、配种能力、母狐的正常发情、排卵数和胚胎的发育,最终影响到狐的繁殖性能。为提高笼养狐的繁殖力,应针对上述因素采取如下几项措施:

(1)选留优良种狐,控制群体年龄结构,保证稳产高产。

具有一定规模的养狐场,要通过坚持不断地严格选留良种的方式,逐渐培育出繁殖力强、生产性能高的良种群。具体选留良种的办法:一是在育成狐群中,根据上代(父母亲)生产记录和育成狐发育情况、产(出生)期及品种标准,在不同的发育阶段,分别进行初选、复选和精选,通过 3 次选种,选定出适当数量(种狐数量的30%～40%)育成狐作为后备种公、母狐,充实到基础种狐群中。二是在每年繁殖期结束,仔狐断乳后,对那些发情较晚、产仔、泌乳量小、护仔性差的种母狐和阴茎短小、性欲低下、射精量少、精液品质较差的种公狐进行严格地淘汰。

种狐利用年限一般为 5～6 年,但 2～4 岁龄母狐的繁殖力最高,所以在种狐群年龄组成上,要以经产的适龄壮年狐为主,每年补充到种狐群中的后备狐,一般掌握在占种狐总数的 30%～35%,不宜超过 50%。

(2)实行科学饲养,科学管理。充分发挥种狐繁殖性能的潜力。

狐的繁殖力与饲养、管理水平是密切相关的，优越的饲料条件、环境条件，营养全价的日粮，加之精心的护理，才能使狐繁殖力得以充分的发挥。即促使母狐正常发情，增加排卵数，提高卵子的受精能力。产仔率高、泌乳性能好，还能保证公狐性欲旺盛，精液品质优良，这是体现或提高繁殖力重要的、也是内在的条件。

如果与上述相违背，在饲养方面，仅仅是以粮菜为主，只加入少量鱼粉混合作为狐饲料，饲喂方法是饥一顿、饱一顿的投放饲料，再加之管理上笼舍设计不合理，场地阴暗或不适度地增加光照，嘈杂的环境，这些都直接地、严重地影响到狐的发情、配种、妊娠、产仔和哺乳各个环节，进而影响狐繁殖力或导致繁殖失败。

(3)提高饲养管理人员的技术水平，准确地掌握母狐发情期、适时配种、适时复配，最大限度地降低空怀率，增加产仔数。

(4)注重种狐的驯化，为种公、母狐顺利参加配种打好基础。

(5)严格按照免疫程序，对种狐定期进行免疫接种，防止疫病的流行和发生。如布氏杆菌病、钩端螺旋体病都是直接影响繁殖能力的传染病，严重时会导致生产失败，为此，必须做到无病先防。

第三章　狐的育种

第一节　狐育种的目的、措施

一、育种的目的

育种的目的在于提高狐群品质，不断扩大和改良现有品种，增加优秀个体的数量，培育新的品种、品系，最终达到改进产品——狐皮、毛、绒质量的目的。

野生狐在自然选择的作用下，其体质好、善于奔跑，抗病力和适应性都很强，但体型都相对较小，毛绒品质较差。通过人为地改善饲养管理条件，适当地选种、选配和杂交改良，选育出毛绒品质好、体型大、繁殖力强、适应当地饲料条件和自然条件的新型狐种，是今后狐的育种方向。

二、育种主要措施

(1)建立具有相当规模的育种场，引进纯种狐进行选育和提高，组成育种核心群，进行良种繁育，这是狐育种的基本措施。

(2)创造良好的饲养、管理条件，特别是饲料和笼舍条件，这是育种工作的物质基础。

(3)有计划地进行品种间的杂交，这是培育生活能力强、繁殖力高、又具高经济性状的新品种品系途径之一。

(4)建立系统的育种组织，制定规划，进行合理的品种布局。

第二节 狐的选种

选种的作用是使选留类型个体增加繁殖后代的机会,减少或完全剥夺淘汰类型个体繁殖后代的机会,从而使其选留个体所具有的基因频率就增高,其淘汰类型所具有的基因频率就降低。由于这种人为改变群体中不同类型个体的繁殖随机性,打破了原有群体基因频率的平衡状态,进而定向地改变了种群中各种类型的比率和数量性状的全群平均水平。

一、选种的方法和标准

种狐的选留,要以个体品质鉴定、系谱鉴定及后裔鉴定的综合指标为依据。

(一)个体表型选择

根据个体本身的表型成绩进行选择称之为个体选种。个体选择,只是考虑个体本身选育性状表型值的高低,而不考虑该个体与其他个体的亲缘关系。这种方法是在缺乏生产性记录及其他统计资料时进行选种的有效方法。也是生产实践中应用最广,手段最为简便的一种方法。

1.银黑狐的毛被品质指标

(1)银毛率:依狐身上的银毛所占的面积而定,以百分率计算表示。如银色毛的分布自尾根至耳根者其银毛率为100%;自尾根至肩胛部者为75%;银毛分布自尾根至尾根与耳根的一半处者其银毛率则为50%;自尾根至尾根与耳根的1/4处者,其银毛率则为25%。

(2)银色强度:依银色毛分布多寡和银毛上端白色部分(银环)的宽窄形成的银色强度,可分为大、中、小3类。银环越宽,银色强度越大,银色毛越明显。

(3)银环颜色:可分为纯白色(白珍珠母色)、白垩色、微黄色3种类型。

(4)银环宽度:可分为宽(10~15毫米)、中(6~10毫米)、窄(6毫米以下)3类。

(5)"雾":由于针毛的黑色毛尖露在银环之上,所以银黑狐的毛被形成"雾"状,如果黑色毛尖很小,称之为"轻雾";银环窄、黑色毛尖大,称之为"重雾"。

(6)黑带:在狐的背脊上,针毛的黑色毛尖和黑色定向毛形成的黑带。有时这种黑带虽不很明显,但人为地用手从侧面往脊背微微滑动,此黑带即清楚可见。

(7)尾:狐尾的形状可分为圆柱形和圆锥形。尾端的白色(毛被)部分可分为大、中、小3种。尾端毛色可分为纯白毛、微黄和杂色(掺有黑色毛)3类。

2.毛绒品质鉴定:详见表3-1和表3-2。

表3-1 银黑狐毛绒品质鉴定标准

指标	一级	二级	三级
毛绒品质印象	超等	良好	较差
躯干和尾部毛色	黑色	阴暗	暗褐色
银毛率(%)	75~100	50~75	25~50
银色强度	大	中	小
银环颜色	白珍珠母色	白色	微黄
银环宽度	宽(10~15毫米)	中等(6~10毫米)	窄(不足6毫米)
雾	正常	重	轻
体型	优良健壮	较优良健壮	满意
体长	♀超63 cm, ♂超66 cm	♀62~63 cm, ♂65~66 cm	♀62 cm以内, ♂65 cm以内

续表 3-1

指标	一级	二级	三级
尾的毛色	黑色	阴暗色	暗褐色
尾端白色大小	大(8 cm 以上)	中(4～8 cm)	小(不足 4 cm)
尾端颜色	纯白色	微黄	杂色(掺有黑色)
尾的形状	宽圆柱形	圆柱形或粗圆锥形	窄圆柱形或窄圆锥形
躯干短毛绒颜色	蓝色或浅蓝色	深灰色	灰色或微褐色
黑带	良好(明显)	微弱	没有

表 3-2 北极狐毛绒品质鉴定标准

指标	一级	二级	三级
毛绒品质印象	超等	良好	较差
躯干和尾毛绒色	浅蓝或淡浅蓝色	蓝色或浅蓝带褐色	褐色或褐色带白色
银色强度	巨大	中等	微弱
银环颜色	白珍珠母色	白色	微黄
体型	优良健壮	较优良健壮	满意
体长	♀超 60 cm，♂超 63 cm	♀57～60 cm，♂60～63 cm	♀不足 57 cm，♂不足 60 cm
尾部毛绒颜色	与躯干毛色一致无褐斑	带褐色	褐色或浅色
针毛长度	正常	很长	短
针毛密度	稠密	较密	稀少
毛的弹性	有弹性	柔软	粗糙

3. 体型鉴定：体型鉴定采取目测和检测、称量体尺(体长)、体重相结合的方法。银黑狐成年兽体长 65～70 厘米，北极狐 60～

65 厘米;体重银黑狐 5～6 千克,北极狐 5.5～6.5 千克。

4. 繁殖鉴定:标准成年种公狐,睾丸发育良好,交配相对早、性欲旺盛,配种能力强,性情温顺,无恶癖,择偶性不强。每年有效交配 4～5 只母狐。配种次数在 10 次以上。精液质量良好,受配母狐产仔率高,仔狐多,生活力强。种公狐适宜年龄在 2～5 岁。对具有交配晚、睾丸发育不良(单睾或隐睾)、性欲低下、性情暴躁,有恶癖、择偶性强等缺点之一的公狐,不适选作种用,应予淘汰。

成年母狐应选择发情早(不迟于 3 月中旬),性情温顺,性行为正常,胎平均产仔数多,母性好,泌乳能力强,仔狐成活率高,生长发育正常的留作种用。凡具有外生殖器官畸形、发情晚、性行为不好、产仔少、母性差、无乳或缺乳、仔狐死亡率高的,及曾有过流产、死胎、烂胎或胚胎吸收病史又有恶癖及平日爱剩食等缺点之一的母狐,一律不能留作种用,应予及时淘汰。

当年育成狐的选择:一是应选留其双亲体质健壮,繁殖力强、同窝仔狐在 5 只以上。二是幼狐自身发育正常,性情温顺,生殖器官发育良好。三是育成狐出生早(银黑狐 4 月中旬前、北极狐 5 月上旬前)、健康无病又是非近亲繁殖的留作种用。

(二)系谱选择

系谱选择,是根据预选种狐祖先的品质、生产性能来判定其种用价值。由于系谱是祖先的记录资料,这样当育成幼狐的部分性状还未表现出来时就对其做出结论,此种选择方法是对当年尚未参加繁殖的幼狐采用的主要选种方法。

生产实践中,一般是根据本身成绩,结合祖先的成绩综合确定是否选作种用。

(三)后裔鉴定

根据后裔的生产性能,检验种狐的品质、遗传性能,确定种狐的种用价值。要进行后裔生产性能比较,其方法一是后裔与亲代比较;二是与不同后裔之间比较;三是后裔与全群平均生产指标比较。

二、选种时间

狐的选种需要有计划、有重点的进行，一般可分为 3 个阶段，即初选、复选和精选。

(一)初选

育成狐在断乳时，主要根据系谱、双亲的性状、生产性能以及仔狐出生日期、发育情况，对幼狐进行一次初选。4 月 20 日以后出生的银黑狐和 5 月 20 日以后出生的北极狐均不宜留作种用(初选不可入选)。

成年公狐在配种结束后，根据其配种能力，精液品质及体况恢复情况，进行一次初选。成年母狐则在断乳后，根据其繁殖、泌乳及母性情况，进行一次初选。

初选选留的种狐数量要比计划基础种狐数多选留出 40%左右，以便复选时淘汰。

(二)复选

正常的复选时间在 8 月份进行。根据脱毛、换毛情况，幼狐生长发育和成年狐体况恢复情况，在初选的基础上，进行复选。复选时选留种狐的数量应比计划年末基础种狐数多留 20%～25%，以便精选时再淘汰。

(三)精选

一般的精选时间在 11～12 月份进行。在复选的基础上，于配种前按照种公、母狐标准，进一步淘汰发育不够理想的个体，最后落实计划基础种狐数。需要注意的是，选定种狐时，选定留作种用的公、母狐比例为 1∶(3～4)，如果兽群小，则可适当多留些公狐。种狐群的结构组成，应以成狐为主，成、幼狐的比例以 7∶3～1∶1 为宜，这样可有利于狐场持续稳产、高产，效益稳定。

第三节 狐的选配

选配是选种的继续。是在选种的基础上，有意识、有计划地决定公母狐交配组合，以便获得优良后代，达到培育和充分利用优良品种的目的。

一、选配的原则

确定公母狐交配组合应重点注意如下几个方面：

(一)毛绒品质

公狐的毛绒品质，特别是毛色，一定要优于母狐或接近于母狐才能选配。毛绒品质差的公狐与毛绒品质好的母狐交配效果不好。

(二)体型

大型公狐与大型或中型母狐才能交配。大型公狐与小型母狐或小型公狐与大型母狐则不可交配。

(三)繁殖力

公狐的繁殖力(以本身配种能力和以其子女的繁殖力)要优于母狐或接近于母狐的方可交配。

(四)血缘

三代以内无血缘关系的公母狐均可交配。除育种工作为了特殊的需要和目的允许近亲交配外，在生产上要尽量避免近亲交配。

(五)年龄

原则要求是成年公狐配成年母狐或当年母狐。但必要时，也可用当年公狐配成年母狐。

二、选配的方式

在生产实践中，狐的选配方式有两种，即同质选配和异质选配。

(一)同质选配

同质选配就是选用性状相同,性能表现一致或育种值相似的优秀公、母狐交配,以期获得相似的后代并在后代中巩固或提高其双亲所具有的优良性状。这是培育遗传性能稳定并具有种用或种用价值的种狐,所必须采用的选配方式。该种选配方式多用于纯种繁育和种狐核心群的选配。

选配的效果要及时总结,经过一次选配,如果所产仔狐品质、性能良好,表示其应用的选配方案正确,可继续采用。否则,如果所产仔狐品质较差,应及时调整原来的选配方案。

(二)异质选配

异质选配可分为两种:其一是选择具有不同优异性状的公、母狐交配,以期将两个优异性状表现在同一后代个体上,获得兼有双亲优点的后代;其二是选择同一性状但优劣程度不同的(有所差异)公、母狐交配,也就是以良好的性状纠正不良性状,以期后代在该性状的表现上有较大的改进和提高。

异质选配的主要作用是,综合双亲的优良性状,丰富后代的遗传基础,改良狐群品质,提高生产性能。

在生产实践中,同质选配和异质选配在采用时要根据具体情况灵活掌握,不必长期地采用任何一种方式,对每一对相配的个体而言,某一性状是同质选配,而另一些性状则可能是异质选配了。

狐的选配方案,一般要在1月份即配种期开始之前,编制出选配计划方案,以便在配种期付诸实施。

第四节　狐的育种方法

狐的育种方法,主要有本品种选育和杂交育种两种方法。

一、本品种选育

本品种选育一般指在本品种内部，通过严格地选种、选配和品系繁育等手段，改善品种内部结构，以提高品种性能的一种育种方法。本品种选育其含意较广，在生产实践中应用时也比较灵活。

(一)本品种选育适用范围

(1)当品种的生产性能已经达到较高的程度，体尺、外貌也比较一致时，为保持和提高该品种或类群的特性，可采取本品种选育的方法。

(2)对于引进品种的选育、提高和地方品种资源的保存也均应采用本品种选育的方法。

(二)本品种选育的原则

采用本品种选育方法育种，应遵循的原则：一是要保持和发展本品种原有的独特优点和性能，并注意克服本品种中原有的缺点；二是选种和选配必须密切结合起来，通过严格的选种、选配，控制近交程度；三是本品种选育必须建立在良好的饲养管理条件下，以便使品种的生产性能得以充分地发挥和显示出来。

(三)本品种选育的方法

近年来从国外引入的种狐数量较多，多数引进的品种其生产性能已达到较高的水平，其选育的方法，一般是在引进品种的基础上，进行风土驯化、通过建立品系、加强选种选配工作，加之强化饲养管理等手段，育成适应本地的新品种。在选育的过程中，如遇到个别重要缺陷改进不快的情况时，可考虑导入少量外血，使引入品种逐步适应当地饲养环境，同时也使生产性能有一个新的提高。

二、杂交育种

杂交育种就是通过选用两个或两个以上品种的公、母狐交配，丰富和扩大群体的遗传基础，再加以定向选择和定向培育，经若干代后，就可达到一定的选育程度或育成新的品种。

杂交育种的方式：杂交育种按参加品种的数量可分为简单杂交(二元杂交)和复杂杂交(多元杂交)。

1. 简单杂交育种：简单杂交育种就是通过两个品种杂交(也称二元杂交)培育新品种的方式。由于参加杂交的品种少，杂种的遗传基础相对比较简单，也较容易获得理想型和稳定的遗传性。所以育种所需时间也相对较短。采用二元杂交所选择的参加品种，应具备育种目标的全部内容，且优点要多于缺陷。

2. 复杂杂交育种：复杂杂交就是采用多品种杂交培育新品种的方式。参加品种的数量可根据育种目标的要求而定(有用三个品种的叫三元杂交育种，还有四元杂交等)。杂交育种选用的品种多，可丰富杂种后代的遗传基础，但由于遗传基础复杂，其杂种后代的变异范围也较大，需要育种的时间也就会相对延长了。

采用复杂杂交育种时，除对参加品种要严格选择以外，还要对先用哪个品种，后用哪个品种，进行斟酌，并制定出具体的杂交育种方案。

第四章　狐的饲料

饲料是狐维持生命活动、繁衍后代、生产毛皮的物质基础，没有饲料，狐就无法生存，也就更谈不上繁殖和生产优质皮毛了。要实行科学养狐，必须了解和掌握饲料中所含的营养物质及对狐的生理作用、饲料的种类、饲料的调制与调配以及狐日粮的配制方法。

第一节　饲料中营养物质及对狐的生理作用

一、饲料及饲料中所含的营养物质

凡是直接或经过加工调制后能用来喂狐并可被狐消化吸收，供其正常生长、繁殖和生产产品的物质，都可称之为狐的饲料。

饲料所含的营养成分，主要包括：水分、蛋白质、脂肪、碳水化合物、维生素和矿物质等（表 4-1）。

表 4-1　饲料营养成分式表

- 饲料
  - 水分
  - 干物质
    - 矿物质（粗灰粉）
    - 有机物质
      - 无氮物质
        - 粗脂肪
        - 碳水化合物
          - 粗纤维（存在于植物中）
          - 无氮浸出物
            - 糖
            - 淀粉
      - 含氮物质（粗蛋白质）
        - 纯蛋白质
        - 氨化物
      - 维生素

养狐必须讲究营养，只有根据狐的营养需要和各种饲料营养成分含量、特点，合理调配日粮，才能以相对最少的饲料消耗，获得最多畜产品和最高的经济效益。

二、各种营养物质对狐的生理作用

(一)蛋白质与狐的营养

1. 蛋白质的概念：蛋白质是一种复杂的有机化合物，主要由碳、氢、氧、氮 4 种元素组成。有的也含有少量的硫。有些蛋白质还含有微量的铁、铜、碘、锰、钙、磷等元素。蛋白质的基本结构单位是氨基酸(常见的仅 20 种)，由氨基酸联结而成蛋白质。动物对蛋白质的需要，实际上就是对 20 余种氨基酸的需要。

氨基酸又分为必需氨基酸和非必需氨基酸。凡在狐体内不能合成或虽能合成，但合成的速度及数量满足不了狐自身正常需要，而必须由饲料中提供的氨基酸称之为“必需氨基酸”。在狐体内可由体组织合成或需要量极少，不必由饲料提供的氨基酸称之为“非必需氨基酸”。对狐的需求而言，必需氨基酸约有 7 种，即蛋氨酸、色氨酸、苏氨酸、缬氨酸、苯丙氨酸、亮氨酸和异亮氨酸。

含有全部必需氨基酸的蛋白质，其营养价值最高，这类蛋白质称之为“全价蛋白质”。只含有部分必需氨基酸的蛋白质，称之为“非全价蛋白质”。

2. 蛋白质的营养作用：蛋白质对狐的营养具有特殊的重要作用：一是蛋白质是构成狐机体各种组织的主要成分，其营养作用是脂肪和碳水化合物所不能替代的。二是狐的生命活动过程中，各种组织的修补、更新需要蛋白质；精子和卵子的产生，离不开蛋白质；新陈代谢过程中所需酶、激素、色素和抗体等，也都是主要由蛋白质构成的。可以说没有蛋白质就没有生命。三是在日粮中碳水化合物和脂肪缺乏及热量不足时，狐体体内蛋白质也可以分解氧化、产生热能。当日粮中的蛋白质多余时，还可以在肝脏、血液和肌肉中贮存一定数量的蛋白质或将其转化成脂肪贮存起来，以备营养不足时的分解利用。

3. 蛋白质的互补作用：绝大多数品种饲料中蛋白质的氨基酸是不完全的，不是缺这种，就是少那一种。所以如果狐的日粮饲料种类单一时，则蛋白质的利用率就不高。但是由两种或几种饲料混合搭配时，各种饲料所含不同氨基酸就会彼此补充，使日粮中必需氨基酸尽量趋于完全，从而提高饲料蛋白质的利用率和营养价值。这种作用称之为蛋白质"互补"作用。

在养狐生产中，利用蛋白质互补作用原理，巧妙地配制饲料，会收到事半功倍的饲养效果。常用的蛋白质互补饲料配伍如表4-2 所示。

表 4-2 蛋白质互补饲料配伍表

饲料配伍	氨基酸的互补
鱼类＋肉类	鱼类：色氨酸、组氨酸少、而后者多
鱼类＋肉类副产品（肝、心、肾除外）	鱼类蛋氨酸、异亮氨酸较多、后者少
鱼类＋禽＋兔副产品	鱼类赖氨酸较多、亮氨酸少、后者与之相反
肉类＋肉类副产品（肝、心、肾除外）	肉类：色氨酸、蛋氨酸、组氨酸较多、后者少
肉类或内脏＋谷物	前者赖氨酸较多、后者少
玉米＋乳类	玉米色氨酸、赖氨酸较少、后者多
玉米＋鱼类	玉米赖氨酸少、后者多
小麦＋酵母	小麦赖氨酸少、后者多
玉米＋小麦＋大豆	玉米色氨酸少，后两者多；前两者赖氨酸少，大豆多；大豆蛋氨酸少、前两者多
鱼类＋肝脏	鱼类色氨酸、苯丙氨酸少、后者多
干鱼＋乳类＋蛋类	前者在晒制中破坏部分蛋氨酸、赖氨酸，后者可以弥补

4.影响狐对蛋白质吸收利用率的因素：狐对蛋白质利用率的高低，受如下几种因素的影响：

(1)饲料中粗蛋白质的数量和质量：一般饲料蛋白质过多，则降低狐对蛋白质的利用率，不仅饲养效果不佳，反而浪费饲料。如果蛋白质不足，狐体则出现氮的负平衡，造成机体蛋白质入不敷出，对生产则产生负面影响。当狐长期缺乏蛋白质时，会造成贫血、抗病力减弱，幼狐生长停滞、水肿、消瘦、被毛蓬乱，种公狐精液品质下降，母狐性周期紊乱、不易受孕，即使受孕也容易出现死胎、弱仔等现象。

(2)饲料粗蛋白与能量的比例关系：如果饲料中非蛋白质能量(脂肪、碳水化合物)供给不足，则机体蛋白质分解增加，尿中排出含氮物增多，喂给这种饲料既不经济，又不合理。如果狐的日粮中蛋白质偏高、能量偏低，二者比例不当，则会致使狐的采食量增加，这样无形之中就增加了饲料成本。

(3)饲料加工调制方法：合理的调制饲料可提高狐对蛋白质的利用率。如谷物饲料经熟制或膨化后蛋白质的利用率，远远高于未经加工的利用率。

(二)脂肪与狐的营养

在饲料营养成分分析时，所有能用乙醚提取的物质，总称之为粗脂肪。粗脂肪包括脂肪、油及脂类化合物。脂肪酸是构成脂肪的重要成分。

1.脂肪对狐的营养作用：其一，脂肪是构成狐机体的必需成分。如生殖细胞中的线粒体的主要组成成分是磷脂；神经组织含有大量的卵磷脂和脑磷脂；血液中含有各类脂肪；皮肤、毛被中含有大量的中性脂肪、磷脂等。其二，脂肪是狐体热能的主要来源，也是能量最好的贮存形式。1克脂肪在体内完全氧化可产生38.91 kJ(9.3千卡)的热量，比碳水化合物产热量高2.25倍。其三，脂肪可参与机体的许多生理机能，如消化吸收、内分泌、外分泌等。另外,脂肪还是维生素A、维生素D、维生素E、维生素K等良好的溶剂,这些维生素的吸收和运输都是依靠脂肪进行的。其四,脂肪是兽体(狐)生命活动所必需的营养成分。实践证明,狐在繁殖期,日粮中不仅要注意蛋白质,而且对脂肪的喂给也不可忽视。在生产中,必需脂肪酸的供给与必需氨基酸具有同等重要的地位。

2. 脂肪的酸败及危害:如果保存方法不当,脂肪极易酸败氧化,酸败变质的脂肪其特征是:脂肪颜色较正常时明显变黄、发苦或出现特殊的臭味。

酸败的脂肪及其分解产物(过氧化物、醛类、酮类、低分子脂肪酸等)对狐的健康具有如下危害:一是由于食入酸败脂肪及其分解物,直接作用于消化道黏膜,会造成小肠发炎,致使狐出现消化严重障碍。二是酸败的脂肪分解物可分解、破坏饲料中的多种维生素,致使幼狐因维生素不足而出现食欲减退,生长、发育缓慢或停滞,皮肤被破坏出现脓肿或皮疹,降低皮毛质量。三是狐在妊娠期对酸败变质的脂肪更为敏感,一旦误食酸败变质的脂肪,则会出现死胎、烂胎、弱仔及母乳不足的后果。

(三)碳水化合物与狐的营养

碳水化合物是一类含碳、氢、氧3种元素的有机物。其中氧和氢的比例多为1∶2,与水的氢氧比例相同,所以称为碳水化合物。

碳水化合物包括两大类:其一是粗纤维;其二是无氮浸出物。粗纤维的主要成分有纤维素、木质素、角质等,这些均是饲料中不易消化的物质。无氮浸出物主要成分是淀粉和糖类。狐对碳水化合物的利用,实际就是对无氮浸出物这一部分的利用。而粗纤维对狐的营养虽没有多大实际意义,但日粮中粗纤维含量过少时,也会使消化道的正常蠕动受到影响。

碳水化合物的主要功能,一是为兽体提供能源,剩余部分还可在体内转化成脂肪贮存起来,仍可作为能量的储备。二是碳水化合物虽不能转化为蛋白质，但合理的增加日粮中碳水化合物饲料，则可以相对减少机体蛋白质的分解，间接地起到了节省蛋白质的作用。三是碳水化合物还具有调节体内脂肪代谢的作用，防止体内酮体（脂肪不完全氧化产物）过多。四是狐的日粮中保持适当量的碳水化合物，对调节机体物质代谢是十分有益的，同时也是预防酸中毒的有效措施。

尽管如此，但在生产实践中还应特别注意。如果狐的日粮中碳水化合物过多，对狐不但无益反而会因碳水化合物过多相对使日粮中的蛋白质含量就会减少，这是有害的。

（四）矿物质对狐的生理作用

矿物质在狐机体中的含量虽不多（3%～5%），但对狐的营养和生理作用却十分重要，其主要表现：一是矿物质是机体细胞不可缺少的组成成分，细胞的各种机能，如氧化、发育、分泌、增殖等都离不开矿物质的参与。二是矿物质对机体的组织机能，特别是对肌肉组织和神经的正常兴奋性具有重要作用。如果钠和钾的离子浓度增高，则可提高神经系统的兴奋性，而钙和镁离子浓度增高时，则可使神经系统的兴奋性降低。三是矿物质还可参与食物的消化和吸收过程，如胃液中的盐酸（HCl）及胆汁中的碱性钠盐，对各种营养物质的消化、吸收都是必不可缺的。四是矿物质对机体维持水的代谢平衡、酸碱平衡及血液渗透压的调节等方面都具有十分重要的作用。

1. 钙和磷的作用：钙和磷的主要功用是构成狐的骨骼和牙齿，还有一少部分存在于血液、淋巴液及软组织中。狐在妊娠期、哺乳期及幼狐对钙和磷的需要量较大。

狐体对钙和磷的吸收是按一定比例吸纳的，所以，日粮中是补充钙还是补磷或钙磷同时补给，要依据日粮中钙磷的含量多少来确定。钙、磷的适宜比例一般为 2∶1 或 1∶1。骨粉是最好的钙磷补充饲料（含钙 30%以上、含磷 15%以上）；碳酸钙、乳酸钙、蛎粉。蛋壳粉主要是钙的补充饲料;碳酸氢钙主要是磷的补充饲料。

2.钠、钾、氯的作用:钠对机体具有重要的生理作用,它可保持细胞与血液间渗透压的均衡,维持机体内的酸碱平衡,从而使体内组织保持一定量的水分。钠对心脏肌肉的活动也具有调节作用。

钾是机体细胞的主要成分。钾在细胞内与致活某些酶有直接关系,如果缺钾,幼狐的肌肉难以发育,心脏机能失调,食欲减退,则生长发育受阻。

氯在机体中分布较广,细胞和各种组织及体液中均有存在,血液和淋巴液中较多。另外,氯在胃液中以盐酸的形式存在,如果日粮中的氯不足,则狐的胃液中盐酸就会减少,相关引起狐的食欲减退,乃至发生消化障碍。一般日粮中添加少量的[2～3 克/(日·只)]食盐,即可满足狐对钠、氯的需要。

3.其他元素的作用:除上述钙、磷、钾、钠、氯以外,其他还有铁、铜、钴、碘、锰、镁、硒、锌、硫等微量元素,对狐的正常代谢及生理机能也是不可缺少的。

铁、铜、钴都是对机体造血起协同作用的重要元素。铁是血红蛋白、肌红蛋白及各种氧化酶的组成物质,与血液中氧气运输、细胞内生物氧化过程密不可分。

铜对血液形成具有催化作用。铜是机体内各种酶的组成物和活化剂。另外铜与骨骼的发育,中枢神经系统的正常代谢有着密切关系。

钴是维生素 B_{12} 的重要组成物,日粮中钴不足,可影响机体铁的代谢,相关影响血的生成。

锰主要是促进体内钙、磷的代谢、骨的形成及胚胎发育正常进行的作用。

碘是甲状腺形成甲状腺素必不可少的元素,日粮中缺碘,主要表现为甲状腺肿、代谢机能下降、生长发育受阻、甚至丧失繁殖能力。

锌是构成碳酸水解酶的金属元素，对机体体内碳的合成及分解起催化作用。

镁主要存在骨骼中，与钙、磷、碳水化合物的代谢密切相关。当镁缺乏时，可影响骨骼钙化，发生神经性震颤。

硒的代谢作用与维生素 E 相近，二者可互相协调，但不能相互代替。

硫是含硫氨基酸的构成成分，参与碳水化合物的代谢。如果缺硫，会影响胰岛素的正常功能，导致血糖增高，个别的还会引起食毛症。

(五)维生素对狐的营养作用

维生素属于维持动物机体正常生理机能所必需的低分子有机化合物。维生素在饲料中的含量虽较其他成分少得很多，但却是动物机体维持生命必不可少的营养要素。

维生素可分为脂溶性维生素和水溶性维生素两大类。脂溶性维生素主要有：维生素 A(维生素 A_1、维生素 A_2)、维生素 D(维生素 D_1、维生素 D_2、维生素 D_3、维生素 D_4)、维生素 E 和维生素 K(维生素 K_1、维生素 K_2)等。水溶性维生素主要有：B 族维生素(维生素 B_1、维生素 B_2、维生素 B_6、维生素 B_{12}、尼克酸、泛酸、叶酸、生物素、胆碱等)及维生素 C 等。

1. 各种脂溶性维生素对狐的生理作用

(1)维生素 A 的作用：一是它可促进细胞的增殖和生长，保护各器官上皮组织的健康和维持兽体正常视力作用；二是还可起到促进幼狐生长，使骨骼正常发育，有助于增加对各种传染病抵抗力的作用；三是维生素 A 还参与激素的形成过程并具有提高成狐繁殖力的作用。

日粮中一旦缺乏维生素 A 时，会引起幼狐生长发育停滞，表皮及黏膜上皮细胞角质化，严重地影响繁殖力及毛绒品质。

维生素 A 主要存在于动物性饲料中，以海鱼及鱼残料、乳类及蛋类饲料中含量较多。维生素 A 的正常供给量 800～1 000 国际单位/(日・只)，在补给维生素 A 的同时，增加脂肪性饲料和维生素 E 会更能提高其利用率。

(2)维生素 D(骨化醇、抗佝偻维生素)的作用：维生素 D 主要存在于植物性饲料中及畜禽的皮肤和羽毛中，其主要功能：一是维持机体正常钙、磷代谢水平。维生素 D 缺少时不仅出现软骨病，还可严重地影响狐的繁殖能力。维生素 D 主要靠鱼肝油供给，动物肝脏、乳类、蛋类中也含有部分维生素 D。维生素 D 的正常供给量不应少于 100～150 国际单位/(日・只)。

(3)维生素 E(生育酚、抗不育维生素)的作用：一是维生素 E 对维生素 A 具有保护性作用，同时还参与脂肪的代谢。二是维生素 E 具有维持内分泌正常的机能，促使性细胞正常发育、提高繁殖性能的作用。缺乏维生素 E 的主要症状是：母狐虽能怀孕，但胎儿很快就会死亡并被吸收；公狐的精液品质降低，精子活力减退、密度(数量)减少，甚至没有精子，造成公、母狐失去正常的繁殖能力。

维生素 E 的供给量以幼狐期和种狐的繁殖期为最高，一般为 3～5 毫克/(只・日)。其他生物学时期则可适当减少。在植物子实的胚油中含有丰富的维生素 E。在生产中可予考虑应用。

(4)维生素 K(抗出血维生素)的作用：维生素 K 有维生素 K_1 和维生素 K_2 两种。维生素 K_1 主要存在于青绿植物性饲料中；维生素 K_2 主要存在于微生物体内。人工合成的维生素 K 即甲基萘醌，称为维生素 K_3。

维生素 K 的功能：主要是维持机体血液正常凝固，对合成凝血酶原起催化作用。

维生素 K 缺乏的临床症状：狐的口腔、齿龈、鼻腔出血；粪便中有黑红色血液。剖检可见胃肠道黏膜出血。日粮中只要保证有适量的新鲜蔬菜即可预防维生素 K 缺乏病症发生。

2. 各种水溶性维生素对狐的生理作用

(1)B 族维生素的作用:B 族维生素的作用主要是作为细胞酶的辅酶、催化碳水化合物、脂肪和蛋白质代谢过程中的各种反应。具体是:

①维生素 B_1:维生素 B_1 又叫硫胺素或抗神经炎维生素。狐自身基本不能合成,全靠日粮来满足自身需要。维生素 B_1 缺乏症状:碳水化合物及脂肪的代谢强度、利用率减低,出现食欲减退、消化紊乱、后肢麻痹、颈强直震颤等多发性神经炎症状。维生素 B_1 主要存在于糠麸类、豆粉、内脏、乳、蛋及酵母中。狐正常补给量 3～5 毫克/(日·只)。

②维生素 B_2:维生素 B_2 又叫核黄素,在机体内构成某些酶的辅基,参与细胞的呼吸作用。维生素 B_2 缺乏时的症状:机体新陈代谢发生障碍,表现为幼狐生长发育受阻,种狐繁殖能力降低,皮肤及实质器官出现病理变化。维生素 B_2 广泛地存在于青绿饲料、乳、蛋、酵母中。狐日供给量 2～3 毫克/(只·日)。

③维生素 B_6:维生素 B_6 又称吡哆醇、抗皮肤炎维生素。其作用是参与蛋白质的代谢,保持正常的造血机能,供应神经系统所需的营养。维生素 B_6 缺乏时表现为:狐的生长停滞,痉挛,呈现贫血和皮肤炎症状。维生素 B_6 主要存在于酵母、子实、肝、肌肉等饲料中。

④维生素 PP:维生素 PP 又叫烟酸、尼克酸、抗癞皮病维生素、尼克酰胺。其作用是参与酶系统形成,对机体新陈代谢起重要作用。维生素 PP 缺乏会出现食欲减退、皮肤发炎、被毛粗糙等症状。

⑤维生素 B_3:维生素 B_3 也叫泛酸,是构成辅酶 A 的成分,与

蛋白质、脂肪和碳水化合物的代谢有密切关系。维生素 B_3 缺乏时,幼狐虽有食欲,但生长发育受阻,体质衰弱,成年狐的繁殖力受到影响,冬毛期毛绒变白。

⑥维生素 B_{12}:维生素 B_{12} 又叫抗贫血维生素,因为它含有钴,又称之为钴维素。其主要作用是调节骨髓的造血过程,与红细胞呈密切相关。当维生素 B_{12} 缺乏时,红细胞数量降低,神经敏感性增强,严重影响繁殖力。维生素 B_{12} 主要存在于动物性饲料中,其中以肝脏含量为最高。

⑦维生素 B_4:维生素 B_4 也叫胆碱。当维生素 B_4 不足时,肝脏中会有较多的脂肪沉积,形成脂肪肝病,也可引起幼狐发育受阻,母狐乳量不足。一切天然脂肪饲料中均含有胆碱。

(2)维生素 C 的作用:维生素 C 又叫抗坏血酸。其主要作用是它可参与细胞间质的生成及体内氧化还原反应,同时又具有解毒作用。维生素 C 缺乏时,幼、仔狐易发生红爪病。维生素 C 富含于青绿多汁饲料和水果中。狐的正常供给量为 30～50 毫克/(只·日)。

(六)水对狐的营养作用

水是动物不可缺少的营养物质,机体对缺水比缺食物的反应更为敏感。

水是机体中各种营养物质的溶剂,绝大多数营养物质必须溶于水后才能被机体吸收利用。与此同时,狐的生命过程中所产生的代谢废物,也只有溶解于水并通过水溶液的形式才能排出体外。水还可直接参与机体中各种生物化学反应;水能调节机体体温;水在细胞中细胞才能保持一定的形状、硬度、弹性;水还具有润滑组织、减缓各脏器间的摩擦和冲击的作用。为此,笼养狐必须注重供给充足、新鲜、洁净的饮水。

第二节 狐的饲料种类及利用

狐属于肉食动物，但食性较杂，特别是笼养狐其饲料的种类较多，按其性质可分为动物性饲料、植物性饲料及添加剂饲料。详见表4-3。

表 4-3 狐饲料分类表

分类		包括
动物性饲料	鱼类饲料	各种海鱼、江鱼、河鱼
	肉类饲料	各种家畜、禽和野生动物肉
	鱼、肉副产品饲料	水产副产品（鱼头、鱼骨架、内脏及下脚），畜禽副产品（内脏、头、蹄、骨、血），软体动物及虾类等
	干制动物性饲料	干鱼、鱼粉、肉粉、羽毛粉、肝渣、血粉、蚕蛹粉等
	乳、蛋类饲料	牛乳、羊乳，鸡、鸭、鹅蛋、毛蛋等
植物性饲料	作物类饲料	玉米、高粱、小麦、小米、大豆及用其加工的各种产品
	油饼类饲料	大豆饼、亚麻籽饼、葵花籽饼、棉籽饼、花生饼
	果、菜类饲料	次品水果、各种蔬菜、野菜
添加剂	维生素饲料	麦芽、鱼肝油、棉籽油、维生素A、维生素B_1、维生素B_2、维生素C等精粗制品
	矿物质饲料	骨粉、石灰石粉、食盐及人工配制的微量元素

一、动物性饲料

狐的动物性饲料主要包括家畜禽和野兽禽的肉及其副产品，鱼类及其他水产动物，乳品、蛋类及饲料酵母等。动物性饲料主要是提供可消化蛋白质的来源。

(一)肉类饲料

肉类是营养价值很高的蛋白质饲料。狐对所有动物的肉类一般均可采食,瘦肉中各种营养物质含量丰富,适口性强,消化率也高,是喂狐最为理想的饲料。新鲜的肉类应生喂,其消化率及适口性都很好。但对来源不清、又不够新鲜的肉类,应先进行无害化处理后熟制饲喂。由于经熟制后蛋白质凝固,消化率有所降低,重量也有所减少,所以熟喂比生喂在重量上要增加10%左右。

鲜碎骨是狐的肉类饲料其中的一部分,含粗蛋白约20%,发热量502.1千焦(120千卡/100克),具有很好的饲喂利用价值。用鲜碎骨及肋骨、小骨架(兔骨架)喂狐,可连同残肉一起粉碎饲喂,较大骨架可用高压锅或蒸煮罐高温软化后喂之。鲜骨喂给量一般占动物性饲料的10%～15%。

鼠类也可用于喂狐。但必须是用捕笼或捕鼠夹捕获的鼠才能用于喂狐。

兔肉是一种高蛋白、低脂肪的优质饲料,也可利用兔"下杂"喂狐,效果也很好。

(二)畜、禽副产品饲料

动物的头、四肢的下端和内脏统称之为副产品,也叫畜、禽"下杂"。

肝脏是狐理想的全价蛋白质饲料,含蛋白质19.4%、脂肪5%和丰富的维生素及矿物质等,是狐繁殖期及仔、幼狐育成期不可缺少的饲料。可以生喂,给量占动物性饲料的10%～15%。由于肝有轻泻作用,饲喂时要逐渐增加,以免引起稀便。

肾脏和心脏也是狐的全价蛋白质饲料,但较肝脏稍差些。肾和心含有丰富的维生素A、维生素B、维生素C,生喂时营养价值和消化率均很高。

肺脏是营养价值和消化率都较低的饲料,蛋白质的含量也不全价，矿物质含量也不多。肺脏对狐的胃肠还有刺激作用，如果喂量不适，易发生呕吐。肺含有铁和少量的维生素，利用时应熟制后饲喂。饲喂量一般不超过动物性饲料的5%～7%为适。

胃肠均可喂狐，但营养价值不高，粗蛋白质的含量仅才14%，脂肪1.5%～2.0%，维生素和矿物质含量更是微乎其微。用新鲜的胃肠喂狐，虽适口性好，但由于胃肠里病源性细菌较多，所以一般都采用经灭菌、熟制的方式饲喂。给喂量可掌握在占动物性饲料的10%左右。

脑在狐的饲料中算是高级饲料，畜、禽的脑含有大量的卵磷脂和各种必需氨基酸，脑对狐生殖器官的发育具有促进作用，故而将脑称之为催情饲料。在准备配种期和配种期喂给适当量的"脑"效果很好。

血的营养价值较高，含蛋白质17%～20%，还富含大量易于吸收的无机盐(铁、钾、钠、氯、锰、钙、磷等)，又含有少量的维生素。是饲喂狐的良好饲料。具体饲喂时，最好是鲜血生喂，但陈血要熟喂，血粉和血豆腐可直接混于其他饲料中同时给喂。由于血中无机盐含量较高，具有轻泻作用，所以喂量不可超量。一般掌握以不超过动物性饲料的5%左右为适宜。

兔头的营养价值也较高，可以绞碎喂狐，一般给量可占动物性饲料的10%～15%，但在怀孕期和哺乳期不宜饲喂。

禽类的头、内脏、翅膀、腿爪等均可经熟制喂狐，给量可占动物性饲料的10%～15%。值得注意的是：由于有些禽副产品可能含有雌性激素，饲喂这类饲料，一是须经高温熟制，二是尽量避开繁殖季节。免得影响狐的正常繁殖。

(三)鱼类饲料

鱼类饲料种类较多，除海豚、马面豚等有毒的鱼类外，其他大部分淡水鱼和海鱼都可作为狐的饲料。

鱼类饲料蛋白质含量较高，脂肪也比较丰富，消化率也几乎与肉类饲料相同(仅消化率次于牛肉)。海杂鱼来源广,价格相对较低,又能满足狐各生物学时期的营养需要,所以说鱼类是狐常年必不可少的饲料。

鱼类饲料因种类不同,其营养价值也不一样,含热能量亦有很大差异。海杂鱼一般发热量为(334.72～376.56)千焦(80～90千卡/100克)。如果动物性饲料以鱼类为主时,要注意脂肪的含量,在繁殖期应喂给质量较好的鱼类(鲶鱼、偏口鱼);秋冬毛绒生长季节应喂给脂肪含量较高的鱼类(带鱼);其他时间可喂些价钱低廉的杂鱼。

给喂鱼类饲料应注意如下事项:

(1)鱼类饲料生喂比熟喂营养价值高:但对部分海鱼和淡水鱼(红娘鱼、香鱼)因含硫胺素酶,这种酶可破坏维生素 B_1,所以应经熟制(熟制可破坏硫胺素酶)后饲喂。遇有此类情况,也可采取间隔饲喂法——即生喂这些鱼类时,不供给维生素 B_1 饲料,不喂这些鱼时,再另供给维生素 B_1 饲料的办法。

(2)鱼类饲料应尽量与肉类饲料(包括其下脚料)混合饲喂,效果更好。

(3)喂用鱼类饲料要严格检查质量,不喂酸败变质的鱼类饲料。鱼类饲料如果其脂肪酸败,则产生过氧化物并分解出毒素,可破坏其他营养物质。假如一旦喂给变质的鱼类饲料,容易引起狐的食物中毒或脂肪炎、出血性肠炎及维生素缺乏症。

(四)乳品和蛋类饲料

1.乳品饲料的特有功能:乳品饲料包括牛、羊鲜乳,脱脂乳和乳粉等乳制品。乳制品饲料对狐的营养具有其突出的作用:一是乳品类是营养价值极为丰富的全价饲料,富含有狐极易消化、吸收的各种营养物质(蛋白质、脂肪、维生素、矿物质等);二是乳品类饲料能有效地提高其他类饲料的消化率和适口性;三是乳品类饲料是狐在繁殖期不可缺少的优质饲料,它可有效地促进母狐的泌乳和仔狐的生长发育。乳品类的给喂量可掌握在不超过日粮总量的15％～20％为宜；在生产实际中还要注意对乳品类特别是鲜乳的保存，严禁喂用酸败变质的乳品，鲜乳要经70℃加温10～15分钟灭菌处理，待冷至常温后，再拌入其他饲料中混合喂给为宜。

2.蛋类饲料的作用：蛋类饲料也是营养极其丰富的全价饲料。蛋清中的蛋白质高于肉类饲料，蛋黄中含有维生素和磷脂。蛋类极易被消化、吸收，在混合饲料中可以提高含氯物质的消化率。

由于蛋清中含有的卵白素具有破坏生物素的作用，所以除短期饲喂蛋类可生喂外，一般蛋类应熟制后喂饲为宜。蛋类饲料应在狐的繁殖期作为精补饲料，会起到更为明显的作用。

(五)其他动物性饲料

1.蚕蛹：蚕蛹也是喂狐的好饲料。蚕蛹又分去脂蛹和全脂蛹两种。

全脂蛹比去脂蛹发热量高，全脂干蚕蛹含粗蛋白55％～65％，脂肪16％～24％，碳水化合物6％～8％，水分8％～10％，灰分1％～2％。发热量为1 589.92～1 882.8千焦(380～450千卡/100克)，蚕蛹的营养价值很高，其氨基酸含量的全价性与纯瘦肉相近。狐对其的消化、吸收利用率都很高。供给用量一般掌握在不超过日粮总量的5％左右。

利用蚕蛹应注意三点：一是如果日粮中有鱼肝油时，应与蚕蛹分开饲喂，以避免维生素A被破坏；二是蚕蛹应经蒸熟后与其他饲料混合饲喂；三是要注意通风保存，定期翻晾，避免因吃腐烂变质的蚕蛹而引起胃肠炎、下痢、中毒的现象发生。

2.蚯蚓：新鲜的蚯蚓含蛋白质约20％，还富含多种氨基酸和酶，是饲喂狐的优良动物性饲料。有条件的狐场，完全可以自养蚯蚓，替代部分动物性饲料。

(六)干制动物性饲料

干制动物性饲料品种很多，如鱼粉、鱼干、血粉、干肉渣等。除质量非常好的一些干粉类动物性饲料能直接混于饲料中，其他大部分干制动物性饲料，必先用水洗净盐分后才能饲喂。具体利用时，加入少许鲜奶、鲜血可更有效地提高干制饲料的适口性和营养价值。

(七)酵母饲料

目前可用作饲料的酵母品种较多，如核酸酵母、药用酵母、啤酒酵母、面包酵母等。酵母的蛋白质含量为40%～60%，B族维生素含量也较高。是养狐所需动物性蛋白质饲料较好的代用品。在生产中应予采用。

二、植物性饲料

植物性饲料包括各种谷物、油料作物子实和各种蔬菜。植物性饲料是碳水化合物营养的重要来源，也是笼养狐热能的基本来源。

(一)谷物类饲料

适于喂狐常用的谷物饲料有：玉米面、全面粉、高粱面、大豆面、花生饼、葵花饼等。其中的各种油料子实和饼类含粗蛋白质35%～48%，还富含有利绒毛生长的含硫氨基酸(胱氨酸和蛋氨酸)及某些必需的不饱和脂肪酸。但因其还含有5%～14%的维生素，故而用量不宜过多。狐在不同时期对谷物饲料的需求量也不一样，一般按谷物占日粮的20%～30%(热量比)比例搭配。

谷物饲料经机械加工成粉末的状态混合、熟制后饲喂，易于消化吸收。谷物饲料与其他种饲料混合后饲喂，能有效地提高其营养价值。

值得注意的是，豆类和麦麸纤维素含量较高，对胃肠有刺激作用。用作喂狐，不可超过谷物饲料总量的20%，否则将会引起狐发生消化不良和下痢。

(二)果、蔬类饲料

果、蔬类饲料包括各种蔬菜、野菜和次等水果。适用于喂狐的有白菜、大头菜、油菜、菠菜、角瓜、番茄、胡萝卜和苹果等。

果、蔬类饲料的作用：一是果、蔬类饲料是维生素 E、维生素 K、维生素 C 和矿物质的主要来源，同时可以帮助消化，增强饲料的适口性。二是果、蔬类饲料含有大量水分，又是碱性饲料，所以又具有调节饲料容积和平衡酸碱度的作用。三是果、蔬类饲料对母狐的怀孕、产仔及泌乳都具有良好的作用。

在合理的日粮情况下，果、蔬类饲料一般占日粮的 3%～5%(热量比)。

三、添加(精补)饲料

添加(精补)饲料，就是在一般的饲料中含量不足或缺少的营养物质，而这些营养物质又是狐所必需的，须另外补充的饲料，如维生素、矿物质和微量元素等都属于添加饲料。

(一)维生素饲料

用作“精补”的维生素饲料主要有鱼肝油、麦芽、棉籽油、酵母等。使用精制维生素时要注意检查质量(有无变质)并查看其生产日期和保存期限(有无失效)。

1. 鱼肝油：鱼肝油主要含维生素 A 和维生素 D，供饲鱼肝油的给量每只每日 800～1 000 国际单位(指维生素 A 量)。饲喂方法最好是滴入已分食后的食盆内。如果是浓缩或胶丸精制的鱼肝油，则需用植物油低温稀释后饲喂。如果日粮中常年有肝脏和新鲜海鱼的话，则不必另外添加鱼肝油。

应注意的是，保存鱼肝油一定要密封，置于阴凉、干燥和避光处，不可使用金属容器保存，要注意检查鱼肝油的出厂日期，以防失效。

2. 小麦芽：麦芽富含维生素 E，还含有矿物质、钙、磷、锰和少量的铁，是养狐场特别是狐繁殖期不可缺少的饲料。每 100 克麦芽含维生素 E 25～30 毫克。

小麦芽的制法：将淘洗干净的小麦放入有少许食盐的清水中浸泡 10～15 小时，捞出后平铺于木盘内(麦粒厚 1～2 厘米)，上面盖覆麻袋，放于 15～20℃的避光处。每天洒水 2 次，保持麦粒湿润，经 3～4 天即生出淡黄色或稍带绿色的麦芽，当麦芽长到 1 厘米时，即可饲喂。如果麦芽长得过长或已变绿色，则失去维生素 E，而变成维生素 C 了。一般 1 千克小麦可生出 2 千克麦芽。应注意：如果根部霉烂或生有网状白色霉菌的麦芽不可饲用。

3. 酵母：酵母是 B 族维生素的主要来源，也是浓缩蛋白质饲料。酵母是养狐常年应用的精补饲料。主要品种有面包酵母，饲料酵母和药用酵母及啤酒酵母。几种酵母成分基本相同，面包酵母含维生素 B 量多，干啤酒酵母含有 40％～50％的蛋白质和复合维生素 B。

除药用和饲用两种酵母外，其他品种的酵母在饲喂前，均应经加温处理以杀死酵母里大量的活酵母菌。否则容易引起狐胃肠膨胀甚至死亡。另外，经加温处理的，其中所含维生素的利用率会增加(不加温的仅能利用 17％的维生素)。灭菌方法采用 70～80℃热水浸泡 10 分钟即可，这样可避免 B 族维生素因加热而被破坏。使用酵母时，要注意与碱性的骨粉分开饲用。

干酵母的用量，一般每日每只 5～10 克，如果是液态酵母，可增到 5～7 倍。当狐的日粮以鱼类为主时，酵母的给量应适当增加。

(二)矿物质饲料

狐需要的矿物质饲料，有些在日粮饲料中可以满足，而有些必须另外适当补给。矿物质饲料主要有骨粉、食盐等。

骨粉：骨粉是钙、磷的主要来源，骨粉中含钙为 40％，含磷 20％。养狐需常年补给骨粉，特别是在繁殖期，添加骨粉对母狐和育成狐就显得更为重要,在量上也要适当增加。骨粉的给量一般掌握在每只、每日供给 10～15 克为宜。但如果日粮中具有足量的鲜碎骨时,骨粉给量可减少或不必另加。

食盐:食盐是维持狐正常生理活动所必需的精补料。一般每只每日应补给 2～3 克食盐,但如果动物性饲料是以海杂鱼为主的,则食盐的给量应酌减或停加。

(三)特种饲料

特种饲料既不属于狐生命活动所需的营养物质,也不是饲料中营养成分,但它却是对狐机体和饲料有良好作用的物质,如抗生素和抗氧化剂等。

抗生素:抗生素是抑制多种微生物生长的物质。在狐的日粮中加入适量的抗生素,可促进生长,提高幼狐的成活率,防止疾病。还可延缓饲料腐败。常用的是畜用土霉素、四环素。

抗氧化剂:也叫抗酸化剂,是抑制饲料脂肪酸败的物质。在狐的日粮中供给少量抗氧化物,可提高狐成活率,减少脂肪组织病的发生。

第三节 饲料品质鉴定

饲料品质的优劣是直接影响养狐成功与否的重要环节。饲料品质鉴定方法除根据外观鉴定外,还有物理、化学等鉴定方法。据饲料的各种特征和性质进行综合鉴定,以准确地确定饲料的利用价值及其加工措施。

一、肉类饲料的品质检验

由于有部分传染病,如布氏杆菌病、犬瘟热、巴氏杆菌病、副伤寒等疫病均是狐和其他家畜共患的疾病,为此在利用畜禽肉之前,一是要进行肉品卫生检查,查明肉品有无传染病的污染。

二是对无污染的肉品进行新鲜度的鉴别。具体鉴别项目、标准见表 4-4。

表 4-4　肉类新鲜程度鉴别

项目＼标准＼新鲜度	新鲜肉	变质肉
外观	表面有微干燥的外膜，呈淡红色、切面稍湿润，不黏	表面干燥或湿润，呈灰色或淡绿色。切面呈灰色或淡绿色，不黏，有发霉现象
硬度	质地紧密，富有弹性	质地松软，无弹性，严重变质时，一触即破
气味	无酸败味	有酸败气味
脂肪	无污秽、黏液无异味，煮肉汤透明芳香，表面聚集油滴	有污秽，黏液和油脂酸败臭气、发霉，煮肉汤混浊有臭味，油脂酸败

值得注意的是：失鲜变质的肉类饲料严禁饲喂。如果对肉类是否变质稍有疑问时，要先经无害化处理后，再以少量试喂，确认没有异常时方可大群投饲。

二、鱼类饲料的品质检验

鱼类饲料较肉类饲料更容易腐败、变质。变质的鱼体表面较黏，身体松软，肌肉无弹性。眼球混浊下陷，腹部膨大或破溃，肌肉脱落，有恶臭气味。

轻微变质的鱼类饲料，非繁殖期经熟制后，可先行试喂，无异常反应时，才可大群投饲。需十分注意的是，繁殖期特别是妊娠母狐，千万不可投喂变质或稍有变质的鱼类饲料，避免造成损失。鱼类饲料新鲜度的鉴别，详见表 4-5。

表 4-5 鱼类新鲜度鉴别

项目 \ 新鲜度标准	新鲜鱼	变质鱼	备注
软硬程度	淡水鱼:头朝下,在举起时,鱼体挺直 海鱼:横放鱼体平直	变软或变曲下垂	
鳃	呈粉红色无异味	呈紫红色、褐色,灰白色,有恶臭味	因微生物酶的作用,血红素变性
眼	透明、饱满	角膜污秽、混浊,眼球下陷	
体表	完整,有一层透明黏液,有光泽无异味	体表不整,黏液呈黄绿色,无光泽,有臭味,鳞易脱落	微生物浸入黏液肌肉
腹部	坚实,无腐臭味	膨大或破溃	微生物浸入肠道、蛋白质分解,产气,腹压升高,使肛门脱出
肛门	不外翻,与体表平	外翻,突起	
剖检	正常	脊椎两旁肌肉红染,内脏黄染,严重者,骨肉分离,胆汁外溢,肠道绿色	肝脏分解致胆汁外溢,内脏变绿,背部血管因溶血外溢致肌肉红染

三、乳类饲料的检验

乳类饲料是通过观察色泽、不同情况下的存在状态及气味进行检验。新鲜的乳品呈白色或淡黄色,煮沸不凝块,无絮状物,有奶香味。变质乳则色不正,煮沸黏滑,有絮状物并出现葱蒜异味。乳类饲料鉴别详见表 4-6。

表 4-6 乳品饲料鉴别

项目＼品质	正常乳	变质乳	
		缺陷	缺陷来源
色泽	白色或淡黄色(脂肪、色素)	蓝色、红色等,过白浅蓝色、粉红色	细菌,饲料,加水,血液
状态	液态煮沸不凝结,均匀一致,不黏滑,无絮状物	黏滑,有絮状物,有多孔的凝块	细菌
气味	微奶香,微甜,适口性强	有葱蒜异味,苦味和皂味,酸味及金属味	饲料,细菌,容器,贮存不当

四、蛋类饲料的品质检验

新鲜和优良品质的禽蛋,蛋壳清洁无污物,无斑点,具有自然光泽,鲜艳。蛋清、蛋黄分明,蛋黄呈圆形而不散。

受潮蛋的蛋壳有大理石状斑纹和污秽,石灰水浸过的蛋,其表面有石灰颗粒。

变质禽蛋的蛋壳灰白色,蛋黄和蛋清混合不分,蛋清失去半流动胶状样,有硫化氢异味。

五、谷物饲料的品质检验

对谷物饲料的检查重点是检验谷物饲料是否霉变、霉败。饲喂发霉变质的谷物饲料会致使兽群大批发病、死亡。

谷物饲料品质检验的一般方法是:一观察,二品味,三触摸。

观察:观察饲料的颜色和形态,将被检样品在黑纸上撒一薄层,细心观察,良好的饲料应是:没有发霉,无变色,没生虫,没有其他杂质。否则视为次等或霉败料。

品味:嗅闻饲料的气味,良好的谷物饲料有正常的谷香气味,而没有发霉味、臭味等异常气味,否则即为霉败饲料。

触摸：通过手的触摸感觉，良好的谷物饲料应该是感觉干燥，没有潮湿感和发酵感，谷物自然松散、无结成块状，否则即为次品饲料。

六、干粉类饲料的品质检验

用于养狐常用的干粉类饲料主要有鱼粉、骨粉等。检验时，应注意颜色、滋味、气味和干湿度。凡出现失去固有的颜色、散发出刺鼻臭味及霉味，口尝或嗅闻有哈喇味或表面生有霉菌(长绿毛、黄毛等)之一的情况，均可定为该粉料已变质。

七、蔬菜、水果饲料的品质检验

新鲜优质的蔬菜、水果都有其固有的色泽和蔬香、果香气味，叶面、果表不黏。

失鲜和变质的蔬菜和水果，失去自然的色泽、光泽，出现异常气味，表面发黏。

检验叶菜类还要注意是否有农药残留超标的现象。

第四节　狐的饲料贮存与调制

一、饲料的贮存方法

(一)动物性饲料的贮存方法

动物性饲料特别是新鲜的肉、鱼饲料，如果贮存方法不当，最容易变质、腐败。贮存的目的是延长饲料的保鲜时间，一般有效地贮存方法有如下几种：

1. 低温(冷冻)贮存：低温可以杀死或抑制微生物对饲料的分解作用，防止饲料变质或产生有害物质。

有条件的狐场，可采用修建或租用冷库的方法，冰冻贮存动物性饲料。冷藏间的温度应在－15℃以下，鱼类饲料可保存3～6个月，肉类饲料可保存4～8个月。应注意的是，如果存放时间过长，即便是在－20℃也可引起肉、鱼类饲料的氧化和变质。

2. 高温保存：通过高温，可以杀灭各种微生物、细菌。新购入的新鲜肉、鱼，短时间喂不完的，可放锅中蒸（或煮）熟。采用高温处理的肉、鱼饲料，只能短时间保存，不能放置过久。

3. 干燥贮存：饲料通过干燥处理后，使附于饲料上的微生物死亡或失去生存、繁殖条件，饲料自身也因干燥而不能发生氧化分解作用，因而饲料干燥后可保存较长时间。但通过干燥的饲料比新鲜的饲料其消化率会有所降低，同时干燥过程中也会引起脂肪氧化和维生素的损失。

饲料的干燥方法通常采用晾、晒或烘烤的方法。干饲料的含水量要低于12％，并隔绝空气保存。

4. 盐渍保存：饲料通过盐渍处理，可杀死微生物和细菌，盐渍法可较长时间的保存饲料，但因饲料含盐量过大，已造成失鲜，喂用前必须用清水浸泡、脱盐，至少24小时以后才能利用。

盐渍方法：利用干净的水泥池或大缸，先在底部撒一层盐，放一层肉或鱼，再撒一层盐，再放一层肉或鱼，如此反复堆放淹制，顶部压实，并加水淹没饲料，存放即可。

（二）粮食和蔬菜的贮存

1. 粮食饲料：粮食饲料必须存放在通风、干燥的仓库内，放置在距离地面0.5～1米高的隔板上。注意堆放层不可太厚，而且须定期翻动、倒垛以便散热、去潮，同时还要防鼠害。

2. 蔬菜饲料：蔬菜含水量较大，如果成堆放置时间过长，容易发黄、发霉、腐烂变质，同时还能产生有毒害作用的亚硝酸盐。

蔬菜饲料最好是随用随取，放在通风阴凉处单层平放，一般不可堆放，以免发热。

在北方养狐，冬季可将新鲜蔬菜贮存在菜窖内。但窖温不可低于零度，以免因受冻后，蔬菜的营养成分受损失。

二、饲料的调制方法

饲料调制得如何，直接关系到饲料适口性强与差及饲料营养价值的高与低。合理的调制方法，可有效地提高饲料的营养价值和饲料的消化率。具体调制方法与步骤：

（一）饲料原料的准备及预处理

1. 原料的准备：按兽群不同时期营养需要所制定的饲料单，将各种饲料原料准备充足并运到饲料调制间备用。

2. 饲料原料品质鉴定及卫生检验：对新购入或原贮存取用的饲料原料，在未预处理前，均需认真进行饲料品质、卫生检验。一是查对饲料来源，必须是来自非疫区的。严禁使用来自疫区或来路不明的饲料。二是对饲料原料进行严格的品质检验，严禁利用发霉变质或超过有效保存期的饲料。

3. 饲料原料的预处理：为更进一步保证饲料质量及便于绞制、调配和搅拌，对原料应做如下预处理。

（1）动物性饲料：新鲜的动物性饲料应充分洗涤备用，稍失鲜的动物性饲料先用0.1%的高锰酸钾溶液消毒，然后用清水洗净备用；肉类饲料如果脂肪过多，可先除去脂肪备用；内脏产品如胃、肠、肺、脾等需先经熟制后备用；冷冻的肉类要经缓慢化冻后再行洗涤，冻鱼类要先用清水浸泡，然后洗涤表面的黏液备用。

（2）蔬菜类饲料：需先去除根和发黄的茎叶部分，并清除泥土后，用0.1%高锰酸钾溶液消毒，而后再用清水洗净并切成适当小块备用；注意小白菜和菠菜要先用热水浸烫一下为好。

谷物饲料：要先经粉碎、熟制后备用。

（二）饲料的绞制

1. 检斤称重：在绞制前先将准备好的各种饲料，按照狐日粮配方所制定的饲料单中需用各类饲料的数量，准确检斤过秤。

2. 绞制：各类饲料应分别用绞肉机绞制。小型碎块饲料也可几种饲料混合绞制（如谷物和蔬菜类可混合绞制）。

一般绞制的顺序为：先绞鱼类饲料，随之是肉类和肉类副产品，然后再绞其他饲料。由于饲料颗粒大小可直接影响狐食欲的高低，所以绞肉机的箅子可根据所绞饲料的不同随时更换相应的箅孔型号。一般鱼、肉类可用直径 10～12 毫米箅孔，麦芽可用直径 3～5 毫米箅孔，而谷物和菜类则可用 3～8 毫米箅孔进行绞制。绞制好的饲料要分别放置，等待调配。

（三）饲料的调配

将按日粮单中规定的数量已称重、绞制好的饲料及添加剂，以不同的顺序放在一起进行搅拌并调整到适当浓度的过程，即为饲料调配。一般是将各种绞制的饲料放在铁槽或大缸内，其顺序为先放谷物、蔬菜，随后放鱼类、肉类及其他动物性饲料，然后再加入精补料、添加剂和稀释的豆浆或适量的水，依次放入、充分搅拌，并调整适当的干稀程度后，即可饲喂。

（四）调制饲料应注意的事项

（1）饲料调制室要注重卫生防疫。饲料加工机具随时清洗，定期消毒。无关人员（非饲料加工调制人员）谢绝入内。

（2）注意饲料预处理时，特殊饲料要特殊处理：一是牛奶在加温消毒时，须掌握适宜温度，如果过高会使维生素被破坏，过低则达不到消毒的目的。二是维生素和乳类及酵母饲料在临喂前加入为好，避免过早混合被氧化。三是温差大的饲料要分别放置，等温度接近常温时再行混合搅拌。

（3）调制饲料的速度要快，以缩短全程的加工时间。每次调制应在临喂前完成调制，不得过早加工，避免营养物质被破坏。

（4）调制饲料要做到称重准确、搅拌均匀，浓度适中。狐在繁殖期的饲料宜稀些，非繁殖期可适当稠些，在冬季应更稠些并适当加温给饲。

第五节 狐日粮的配制

一、拟定狐日粮的依据及原则

(1)狐是肉食动物,单胃,日粮组成应以动物性饲料为主,以混合搭配些植物性饲料为辅。为提高消化率,粮食类应粉碎熟制,蔬菜类要粉碎。

(2)狐在不同生物学时期所需要营养标准也各不一样,狐在繁殖季节所需营养要高于非繁殖季节,繁殖季节的日粮要全价,适口性要强。狐在换毛期及育成期需要热量标准高,所以日粮中脂肪和碳水化合物饲料应相对高些。

(3)根据当地饲料条件合理组配日粮。一般应尽可能选用当地自产的饲料资源,就地取材,合理降低饲料成本。选用的饲料品种要力求多样化,品质也要以新鲜为最好。

(4)各品种饲料的营养成分、发热量不同而且各自具有不同的理化性质,在搭配饲料时,要注意避开相互有拮抗作用或破坏作用的饲料同时使用。

(5)组配日粮品种时,要尽量做到多种饲料混合搭配,利用营养互补作用,提高日粮营养价值。日粮饲料品种要尽量保持相对稳定,特别是主要饲料品种不可突然变更,避免因此而影响适口性。

二、拟定日粮的方法

拟定日粮的方法有两种:一是热量配比法;二是重量配比法。

(一)热量配比法

热量配比法是以热能为计算依据进行组配日粮的方法。一般程序是先确定每100千卡①热能中各种饲料所占热能的比例与相应的饲料的重量，然后再根据狐在相应生物学时期日粮总热能标准计算出总供给量。最后还要核算一下蛋白质的供给量即可。通常对没有能量价值或能量价值很低的微量添加饲料均略去不计。只按狐的只数计算供给量(添加饲料)。

现以某狐场配种期，采用"热量配比法"制定日粮饲料单为例，其具体方法步骤如下：

第一步，详细了解掌握兽群基本情况和饲料品种资源；该场狐的总数为50只，品种为银黑狐。群体体况偏低，食欲正常。正处于配种时期，需要供给全价动物性饲料和添加剂饲料。饲料种类有牛肉、海杂鱼、兔头、内脏、玉米面、麸皮、大白菜、食盐、鱼肝油、维生素E等。时间为2月1日。

第二步，参照配种期营养需要及饲养标准，确定日粮(每只狐)总发热量为500千卡，各种饲料所含热量比例为：肉鱼类60%～65%、乳品5%～7%、谷物25%、果蔬类3%～4%、鱼肝油等3%～4%、蛋白质含量为65～70克。

第三步，根据各种饲料占总需热量的百分比，再换算出各种饲料在日粮中的发热量(能量)。

海杂鱼占40%，日粮中发热量为500×40%＝200千卡

牛肉占25%，日粮中发热量为500×25%＝125千卡

牛乳占5%，日粮中发热量为500×5%＝25千卡

玉米面占25%，日粮中发热量为500×25%＝125千卡

白菜占3%，日粮中发热量为500×3%＝15千卡

鱼肝油等2%，日粮中发热量为500×2%＝10千卡

合计97%　485千卡

第四步，根据饲料成分表中每种饲料每100克的发热量，再换

①1千卡＝4.184千焦，下同。

算出每种饲料相应的重量。见表 4-7。

表 4-7 日粮组成重量换算表

饲料品种	100 克发热量(千卡)A	日粮组成中含热量(千卡)B	日粮中相应重量(克)C
海杂鱼	84	200	238
牛肉	138	125	91
牛乳	69	25	36
白菜	19	15	79
玉米面	365	125	34
鱼肝油	900	10	1.1

重量计算公式：$C=\frac{100\text{ 克}\times B}{A}$

第五步，核算日粮中蛋白质含量。按饲料营养成分中各种饲料蛋白质的含量，分别乘以各品种饲料的重量，即分别为各种饲料蛋白质的重量。各品种饲料中蛋白质重量的总和即为日粮中总的蛋白质含量数。

海杂鱼 240 克×18％＝43.2 克

牛肉 90 克×20.6％＝18.5 克

牛乳 36 克×3.4％＝1.2 克

白菜 79 克×1.4％＝1.1 克

玉米面 34 克×9.6％＝3.3 克

合计　67.3 克

按饲料营养需要标准蛋白质为 65～70 克，上述饲料日粮蛋白质含量(67.3 克)符合标准。

第六步，按每只每日确定日粮中添加剂的供给量，再按饲养只数(50 只)计算出全群日饲料及早饲、晚饲投给量，汇列成饲料单。见表 4-8。

表 4-8 50只狐配种期饲料单(2月1日至2月20日)

饲料品种	热量标准(千卡)		日粮克/(只·日)		群日粮量千克/(日·50只)		
	%	只量	蛋白质	日粮量	合计	早饲	晚饲
海杂鱼	40	200	43.2	240	12.0	4.8	7.2
牛肉	25	125	18.5	90	4.5	1.8	2.7
牛乳	5	25	1.2	36	1.8	0.7	1.1
玉米面	25	125	3.3	34	1.7	0.7	1.0
白菜	3	15	1.1	79	3.95	1.58	2.37
鱼肝油	2	10					
合计	100	500	67.3	479	23.95	9.58	14.37

注:鱼肝油可按每只每日1 000国际单位的维生素A来计算,可每3日投喂一次;松针粉可每只每日投喂1克。

(二)重量配比法

重量配比法是依饲料重量为计算依据进行组配日粮的方法。一般程序是首先要根据狐处于不同生物学时期营养需要、饲养标准及兽群具体情况确定日粮给量和蛋白质应达到的标准。然后根据饲料资源实际,确定出各种饲料占日粮总量的百分比,随之计算出各种饲料在日粮中的重量(给量)。最后核算日粮蛋白质的含量,确定微量添加剂饲料的给量。该种方法计算简便,容易掌握,适用于广大养狐生产场、户采用。

现以某50只规模的狐场,采用重量配比法制定日粮方法为例,其具体步骤是:

第一步,全面掌握兽群基本情况,饲料资源,再根据所处生物学时期营养需要,饲养标准,确定日粮给量和蛋白质应达到的目标。

该狐场共50只种狐,大部分已交配结束进入妊娠期。群体膘度中等,食欲良好。现饲料种类有牛肉、马肉、海杂鱼、马内脏、鲜碎骨、玉米面、黄豆面、白菜、豆汁、牛乳及各种维生素等。

据此，确定狐日粮给量为600克（每只日）蛋白质含量达到80～100克。

第二步，根据饲料资源，确定各种饲料在日粮中的比例（重量比），并按此比例，计算出每只狐每日应供给各种饲料的重量。

牛肉占20%，重量：600克×20%＝120克

马肉占12%，重量：600克×12%＝72克

海杂鱼占30%，重量：600克×30%＝180克

鲜碎肉占4%，重量：600克×4%＝24克

内脏占5%，重量：600克×5%＝30克

牛乳占4%，重量：600克×4%＝24克

玉米面占12%，重量：600克×12%＝72克

豆面占4%，重量：600克×4%＝24克

白菜占1%，重量：600克×1%＝6克

水占8%，重量：600克×8%＝48克

合计100%　600克

第三步，核算上述日粮中蛋白质的含量，经查饲料成分表，每100克饲料中蛋白质的含量分别是：牛肉20.6%、海杂鱼18%、马肉19.6%、鲜碎骨17%、内脏12%、牛乳3.4%、白菜1.4%、玉米面9.6%、黄豆面36.3%。按上述计算出各种饲料重量乘以蛋白质的含量即为各种饲料含蛋白质的量。如牛肉120克×20.6%＝24.72克。

按此法分别计算出各种饲料所含蛋白质数量，再相加即得出所配日粮蛋白质含量为99.4克（符合原定饲养标准）。

第四步，确定添加剂饲料的供给量，酵母每只每日供给2克、维生素A 1 000国际单位、维生素C 3毫克。

最后按全群量，以四六比分早、晚2次投喂。并形成饲料单。见表4-9。

表 4-9　狐妊娠期饲料单

饲料品种	重量比(%)	日粮标准(克/只)		全群量[千克/(日·50只)]			备注
		日量	蛋白质	总计	早饲	晚饲	
牛肉	20	120	22.7	6.0	2.4	3.6	
马肉	12	72	20.1	3.6	1.4	2.2	
海杂鱼	30	180	32.4	9.0	3.6	5.4	
鲜碎骨	4	24	4.1	1.2	0.5	0.7	
内脏	5	30	3.6	1.5	0.6	0.9	
牛奶	4	24	0.8	1.2	0.5	0.7	
玉米面	12	72	6.9	3.6	1.4	2.2	
黄豆面	4	24	8.1	1.2	0.5	0.7	
白菜	1	6	0.1	0.3	0.1	0.2	
水	8	48	0	2.4	1.0	1.4	
酵母		2		0.1		0.1	
维生素 A		1 000 国际单位					
维生素 C		3 毫克					
合计	100	600	99.4	30.1	12.0	18.1	

注：内脏需熟制后喂。玉米面、豆面混合蒸制窝头，再绞制后喂。

三、拟定狐日粮应注意的事项

(1)拟定日粮的两种方法可以相互换算。

拟定狐的日粮两种方法之间没有本质区别，两者间是可以相互换算的，其换算大致比例是：

动物性饲料热量法为 1 时，重量法为 0.8；

谷物饲料热量法为 1 时，重量法为 0.5；

果蔬类饲料热量法为 1 时，重量法为 0.4；

用此法换算在生产上比较方便,可供参考。

(2)日粮拟定不是一蹴而就的,而是需要在生产实际中注意观察,及时调整,不断完善,才能趋于合理,符合营养需要。

(3)拟定日粮所采用的饲料品种,既要立足需要,又要考虑到可能性,既要注重质量,还得考虑成本。在实践中采取相应饲料相互替代的办法也较为常见。

第五章　笼养狐的饲养管理

笼养狐的饮、食及生活环境全是人为提供和控制的，可见饲养管理的好坏，对笼养狐的生长、发育、发情配种、产仔、哺乳及毛绒生长等生产、生命活动都起着决定性的作用。只有明了地掌握并充分满足狐处于不同生物学时期对营养物质和外界环境条件的需要，实行科学的饲养管理，才能最大限度地发挥狐的生产潜力，从而收到显著的经济效益。

第一节　狐消化特点及饲养时期的划分

一、狐消化器官的特点及食性

(一)狐消化器官的特点

(1)狐的门齿短小，犬齿长而锐利，臼齿构造复杂，适于撕裂肉类，但咀嚼能力较差。

(2)肠道相对较短，盲肠退化，食物在消化道内存留时间相对较短。狐的消化道长2.1～2.6米，仅为其自身体长的3～4倍，盲肠退化成只有4厘米长的遗痕。胃容积为500～900毫升。适于消化肉类食物，而对植物性饲料消化能力相对较差。

(3)狐分泌的消化液以蛋白酶和脂肪酶为主。体内合成维生素的能力低下。

(二)狐的食性

狐属于肉食动物，但食性较杂，在野生条件下，多以鱼、蛙、鸟类、鼠类、昆虫等为食，有时也采食浆果、植物子实及菜叶。笼养狐的主要食物一是以鱼、肉、蛋、乳及其副产物等肉、鱼类饲料为主；

二是以玉米面、豆面、糠麸蔬菜等植物性饲料为辅；三是以食盐、骨粉、维生素等作为添加剂饲料。

二、狐饲养时期的划分

为便于饲养管理，根据狐的生物学时期变化规律和不同时期对外界环境的要求，人为地把全年的饲养管理划分为不同的饲养时期，即种公狐有配种准备期、配种期、恢复期；种母狐有配种准备期、配种期、妊娠期、产仔泌乳期、恢复期；育成狐有哺乳期、育成期。各饲养时期所处的月份详见表 5-1。

表 5-1　狐饲养管理时期的划分(银黑狐)

月份 兽别	1	2	3	4	5	6	7	8	9	10	11	12
种公狐		配种期		恢复期					配种准备期			
种母狐		配种妊娠期		泌乳期			恢复期		配种准备期			
幼狐				哺乳期			育成期					

注：北极狐饲养时期的划分，只是配种较银黑狐晚 1 个月，以下延续类推即可。

需要注意的是，每个饲养时期的饲养管理都有其各自的特点和具体要求，但各时期之间又是紧密相连，相互影响，互为依存的关系。为此，万不可认为只要抓好某个时期的饲养管理就能万事大吉。

第二节　狐的能量和营养需要及饲养标准

一、狐的能量需要

狐的代谢水平随季节、光照、气候等外界因素的变化而有所不同，银黑狐通常在夏季的代谢水平最高，每千克体重需 62 千卡代谢能（ME）；冬季的代谢水平最低，每千克体重需代谢能只 40 千卡；春秋两季代谢水平相近，每千克体重则需代谢能 50～52 千卡。狐基础代谢的季节变化见表 5-2。

表 5-2　狐的基础代谢季节变化　千卡/千克

品种	春	夏	秋	冬
银黑狐	50	62	52	42
北极狐	70	79	68	59

代谢能的需要量：狐代谢能需要的多少，除受外界因素影响外，与狐的品种也有直接关系，通常北极狐比银黑狐需要的代谢能更高些。相应的饲养标准也高于银黑狐。具体能量见表 5-3。

表 5-3　狐的热能需要　千卡

成年北极狐		育成银黑狐	
月份	能量需要	周龄	能量
6～8	525～550	6～10	314～378
9 至翌年 2	600～650	10～14	438～468
3～5	600～550	14～20	497～527
妊娠前期	650～700		557（9～12 月份）
妊娠后期	700～750		

二、狐的营养需要

狐营养需要：狐的营养需要以动物性蛋白质为主，以脂肪和碳水化合物为辅。由于狐本身缺乏合成维生素的功能，所以维生素和矿物质也是狐营养需要必不可少的物质。

狐对各种营养物质需要量的表示方式：

(1)蛋白质:一般用在100千卡代谢能的饲料中所含蛋白质的克数表示。也有用蛋白质占饲料干物质的百分数表示的。

(2)能量:通常采用以每千克体重所需代谢能(ME)的千卡数表示。个别情况也有用总能(GE)表示的。

(3)维生素:一般多以每千克体重补给国际单位量或毫克表示。

(4)矿物质:多以占日粮干物质重的百分数表示。

成年狐每千克体重需1.25克蛋白氮,相当于每千克体重需蛋白质7.8克。狐对可消化蛋白质、可消化脂肪和碳水化合物3种主要营养物质的需要,其之间的平均比例大致为3∶1∶2.4。在每100千卡中,3种可消化营养物的关系,见表5-4。

表5-4 狐对3种营养物质需要的相互关系 克/100千卡

银黑狐			北极狐		
蛋白质	脂肪	碳水化合物	蛋白质	脂肪	碳水化合物
7	3.6～5.2	4.9～8.6	7	4.0～5.3	4.7～7.6
8	3.1～4.8	4.9～8.6	8	3.8～5.0	4.3～7.1
9	3.0～4.7	4.0～7.8	9	3.5～4.6	4.0～6.6
10	2.5～4.4	3.5～7.8	10	3.1～4.4	3.4～6.4
11	2.5～3.9	3.5～6.7	11	2.7～4.1	3.0～6.3
12	2.5～3.4	3.5～5.6	12	2.5～3.6	3.0～5.6

三、狐的饲养标准

狐的饲养标准,一般采用总代谢能量(ME)和可消化蛋白质在100千卡中的含量来表示。热能的供给量以狐的体重为基础。

为便于在生产中组配日粮有所依据,现将成年狐和育成狐的饲养标准分别摘录部分,仅供参考。见表5-5至表5-13。

表 5-5　成年银黑狐饲养标准　千卡

月份	12月1日体重(千克)				可消化蛋白质(克/100千卡)
	5.5	6.0	7.0	8.0	
1	400	420	460	510	9.5～10.5
2	390	410	450	490	9.5～10.5
3～4 空怀	380	400	460	500	8.5～9.5
3～4 妊娠	520	550	620	680	9.5～10.5
5～6	430	460	510	580	8.5～9.5
7～8	520	560	630	700	7.5～8.5
9～10	490	530	600	660	9.0～10.0
11～12	410	430	480	530	9.5～10.5

哺乳期：

体重(千克)	基础日粮	给仔狐增加的代谢能(千卡/只)					
		1～10日	11～20日	21～30日	31～40日	41～50日	51～60日
6.5	550	70	125	180	280	300～350	400
6.0	500						
5.5	475						

表 5-6　成年北极狐饲养标准　千卡

月份	12月1日体重(千克)				可消化蛋白质(克/100千卡)
	5.5	6.0	7.0	8.0	
1～2	450	480	540	570	9.5～10.5
3	400	420	460	480	9.5～10.5
4～5 空怀	470	500	550	600	7.5～8.5
4～5 妊娠	640	670	720	750	10.5～11.5
6～7	510	540	610	670	7.5～8.5
8～9	590	630	710	800	7.5～8.5
10～12	500	530	600	660	9.5～10.5

续表 5-6

哺乳期：

体重(千克)	基础日粮	给仔狐增加的代谢能(千卡/只)					
		1～10 日	11～20 日	21～30 日	31～40 日	41～50 日	51～60 日
6.5	600	50	100	150	250	350	410
6.0	550						
5.5	500						

表 5-7 成年狐维生素需要量

维生素	每千克体重		每 100 千卡		每 100 克干物质	
	最低	适宜	最低	适宜	最低	适宜
维生素 A(国际单位)	100	400	90	300	320	1 000
维生素 D(国际单位)	10	100	10	70	35	250
维生素 B(毫克)	0.1	0.15	0.1	0.15	0.35	0.5
维生素 B_2(毫克)	3.0	5.0	3.0	5.0	10.0	17.5
维生素 E(毫克)	3.0	6.0	3.0	6.0	10.0	22.0

表 5-8 成年狐每千克体重的代谢能和可消化蛋白质需要量

项目		月份											
		1	2	3	4	5	6	7	8	9	10	11	12
银黑狐	代谢能(千卡)	100	100	110	115	120	140	140	130	120	110	100	95
	可消化蛋白(克/100 千卡)	8～10.5	8～10.5	7～9.0	7～9.0	7～9.0	8～10.5	7.5～9.5	7.5～9.5	7.5～9.5	7.5～9.5	7.5～9.5	8.0～10.5
北极狐	代谢能(千卡)	100	100	110	120	130	155	150	145	130	120	110	100
	可消化蛋白(克/100 千卡)	8～11.5	8～11.5	8～11.5	7.5～10.0	7.5～10.0	8～10.5	8～11.5	8～10.5	8～10.5	8～10.5	8～10.5	8～10.5

表 5-9　成年狐不同饲养时期的日粮　克/100 千卡

品种	饲养时期	肉鱼类	乳类	谷物	蔬菜	酵母	骨粉
银黑狐	4～8 月份	33～41	7	10～13	8	1.5	1.0～1.5
	9～11 月份	38～50	7	7～11	10	1.5	1.0～1.5
	12 至翌年 1 月份	41～50	7	7～10	12	1.0	1.0～1.5
	配种期	50～56	10	5～7	5	1.0	1.0
	妊娠前期	42	15	8	10	1.5	1.5
	妊娠后期	42	20	7	10	1.5	1.5
	哺乳期	30	20	8	7	1.5	1.5
北极狐	5～8 月份	41～50	7	6～9	20	1.5	1.0～1.5
	9～12 月份	41～50	7	6～9	20	1.5	1.0～1.5
	1～2 月份	46～54	7	5～8	15	1.5	1.0～1.5
	配种期	50～58	7	5～7	10	1.0	1.0
	妊娠前期	50	15	5	10	1.5	1.5
	妊娠后期	50	15	5	10	1.5	1.5
	哺乳期	46	20	5	12	1.5	1.5

表 5-10　成年银黑狐的日粮单　克

饲料品种	月份			
	1～2	3～5	6～8	9～12
生鱼	103	103	103	133～164
生肉(下杂)	114	122	61	80～102
乳类	114	162	162	90
谷物	57	70	57	57
蔬菜	25	25	35	50
骨粉	5	5	5	5
麦芽	8	4	4	6
干酵母	7	9	5	5
食盐	2	2	2	2
合计	465	502	434	428～481

表 5-11 育成狐的饲养标准 千卡

品种	月龄	北极(9月龄)银黑(10月龄)的体重				可消化蛋白质(克)	
		5.0	6.0	7.0	8.0	种狐	皮用狐
银黑狐	1.5～2	350	390	420	460	9.5～10.5	9.5～10.5
	2～3	420	450	490	560	8.5～9.5	8.5～9.5
	3～4	530	590	650	740	7.5～8.5	7.5～8.5
	4～5	550	630	680	760	7.5～8.5	7.5～8.5
	5～6	560	660	700	780	9.0～10	7.5～8.5
	6～7	460～510	540～590	570～630	630～690	9.0～10	7.5～8.5
	7～8	410～550	490～540	510～560	560～620	9.0～10	7.5～8.5
北极狐	1.5～2	400	440	460	500	9～11	9～11
	2～3	550	580	620	680	8.5～9.5	8.5～9.5
	3～4	670	760	800	880	7.5～8.5	7.5～8.5
	4～5	650	730	780	840	7.5～8.5	7.5～8.5
	5～6	600	690	740	810	9～10	7.5～8.5
	6～7	550	640	680	760	9～10	7.5～8.5
	7～8	500	560	600	660	9.5～10.5	7.5～8.5

表 5-12 育成狐维生素需要量 毫克

品种	周龄	维生素A 国际单位	维生素 B_1	维生素 B_2	维生素 B_6	维生素 B_{11}（叶酸）	烟酸	维生素 B_3（泛酸）
银黑狐	7	142	0.06	0.15	0.11	0.012	0.59	0.47
	11	405	0.17	0.44	0.34	0.034	1.68	1.34
	19	513	0.21	0.55	0.43	0.043	2.13	1.70
	27	415	0.17	0.45	0.34	0.034	1.72	1.38
	35	362	0.15	0.39	0.30	0.030	1.50	1.20
北极狐	7	87	0.04	0.09	0.07	0.007	0.36	0.29
	11	328	0.14	0.35	0.27	0.027	1.36	1.09
	19	405	0.17	0.44	0.34	0.034	1.68	1.34
	27	328	0.14	0.35	0.27	0.027	1.36	1.09
	35	284	0.12	0.31	0.24	0.024	1.18	0.94

表 5-13　育成狐的营养需要量

品种	周龄	体重(千克)	干饲料量(克/日)	湿饲料量(克/日)	蛋白质(克)	矿物质(重量百分比)	
						钙	磷
银黑狐	7	1.4	59	179	15	0.35	0.35
	11	2.3	168	509	42	1.01	1.01
	19	4.1	213	645	53	1.28	1.28
	27	5.2	172	521	33	1.03	1.03
	35	5.7	150	455	28	0.9	0.9
北极狐	7	1.3	36	79	9	0.22	0.22
	11	2.2	136	412	34	0.82	0.82
	19	3.7	168	509	42	1.01	1.01
	27	4.4	136	412	26	0.82	0.82
	35	4.7	118	358	22	0.71	0.71

有试验表明，用中等蛋白质(46～52 克)、高脂肪(28～30 克)和低碳水化合物组成日粮时，银黑狐的生长迅速；用中等蛋白质、低脂肪和高碳水化合物组成日粮时狐的皮毛质量最好。高脂肪型日粮容易出现低质量毛皮，低蛋白质(35 克以下)日粮狐的毛皮质量最低劣。每只狐每天需要必需脂肪酸 2～3 克。骨骼正常发育所需的钙为 0.6%～1.0%，磷为 0.6%～0.8%，钙磷适当比例为 1∶1 或 1.7∶1。

第三节　准备配种期种狐的饲养管理

8 月底至翌年 1 月中旬是狐的准备配种时期，该时期相对时间较长，约 5 个月之久。

一、准备配种期种狐的生理特点

(一)生理变化

种狐进入准备配种期，随着日照时间的变化，性器官发育及与繁殖相关的内分泌活动逐渐增强。在神经、体液的调节下，公狐自8月末至9月初睾丸逐渐开始发育，11月以后发育速度增快，到12月底，由于内分泌活动进一步增强，睾丸体积显著增大并富有弹性，重达5克左右，此时已有成熟的精子产生。母狐则在8月末至10月中旬卵巢开始发育，体积逐渐增大，滤泡开始发育，黄体开始退化，到11月时黄体消失，此时滤泡则迅速增长，翌年1月至2月初发情排卵。狐在进入冬季之前，本能地采食比较旺盛，在体内蓄积充足的营养，以供安全越冬和性器官发育的需要。

(二)体重的季节性变化

由于一年四季狐物质代谢水平的改变，加之生物学时期的变化，引起种狐体重的季节性变化。一般秋季体重比夏季平均增高20%～30%，一年中，7、8月份体重最轻，12月至翌年1月份体重最高(表5-14)。

表5-14 成年种狐体重季节变化 千克

月份	银黑狐		北极狐	
	公狐	母狐	公狐	母狐
1	7.3(6.9～7.8)	5.9(5.4～6.4)	7.0(6.2～8.0)	5.5(5.0～6.4)
2	6.6(6.2～7.0)	5.3(4.8～5.7)	6.7(6.0～7.6)	5.3(4.9～6.2)
3	6.0(5.6～6.4)	4.8(4.4～5.2)	6.4(5.7～7.1)	5.0(4.7～5.9)
4	5.7(5.4～6.2)	4.6(4.2～5.0)	5.9(5.3～6.5)	4.6(4.3～5.4)
5～6				
7	5.55(5.2～5.9)	4.4(4.1～4.8)	5.2(4.7～5.8)	4.1(3.8～4.8)
8	5.9(5.5～6.3)	4.7(4.3～5.1)	5.4(4.9～6.1)	4.3(4.0～5.0)
9	6.4(6.0～6.9)	5.2(4.7～5.6)	5.8(5.3～6.6)	4.6(4.3～5.4)
10	7.0(6.5～7.4)	5.6(5.1～6.1)	6.3(5.7～7.2)	5.0(4.7～5.8)
11	7.3(6.8～7.8)	5.8(5.3～6.3)	6.8(6.1～7.7)	5.4(4.9～6.2)
12	7.5(7.0～8.0)	6.0(5.5～6.5)	7.1(6.3～8.1)	5.6(5.1～6.5)

(三)准备配种期饲养管理的中心任务

该时期饲养管理的首要任务，一是供给种狐所需要的各种营养物质，特别是有助于性器官生长发育所需的营养物质更要充足，以促进性器官的发育与生殖细胞的成熟。二是调整种狐繁殖体况，为种狐顺利参加配种或受孕打下良好的基础。三是确保绒毛的正常生长，保证种狐安全越冬。

二、准备配种期的饲养

种狐准备配种期的时间跨越较长，为方便饲养，根据光照周期变化和生殖器官的发育情况，把此期划分为准备配种前期(8月底至11月上旬)和准备配种后期(11月中旬至翌年1月中旬)。

(一)准备配种前期的饲养(8月底至11月上旬)

该时期种狐刚刚经历了前一个繁殖期，由于大量的营养消耗，体质仍然很差。育成狐此时还处于生长发育的阶段。为此，在准备配种前期的饲养重点，应以满足种狐体质迅速恢复到正常的营养体况，促进育成狐的继续生长、发育，有利于狐的冬毛生长、成熟为主。

准备配种前期要供给营养全价的饲料，日粮的给喂量要以吃饱为原则，日粮组成中，动物性饲料的比例不可低于50%，同时还可适当增加含脂率高的饲料，以利于提高肥度，保证到11月上旬种狐体质恢复到正常的体况。

准备配种前期的饲喂方式：9、10月日喂2次，11月可日喂1次，但饲料的品质要尽可能的多样化并满足饮水。准备配种前期种狐的日粮标准见表5-15。

(二)准备配种后期的饲养(11月中旬至翌年1月中旬)

进入准备配种后期，种狐的冬毛生长、发育已经结束，体质基本已恢复正常，当年的育成狐已发育成成年狐。该时期饲养的主要任务是促进生殖器官的迅速发育和生殖细胞的成熟。做到平衡

营养、调整体况(达到繁殖体况)。其具体做法:

一是要根据种狐体况,对日粮标准在前期的基础上,进行调整,适当增加全价动物性饲料,补充一定量的维生素,保证种狐的体况为中上等营养水平。其日粮标准见表 5-15。

表 5-15 种狐准备配种期的日粮标准

品种	饲料	日粮标准			混合饲料比(重量比)(%)					添加料[克/(日·只)]					维生素(毫克)			
		热量(千卡)	蛋白质(克)	日粮量[克/(只·日)]	肉鱼类	肉鱼副产品	乳品	谷物	蔬菜	酵母	麦芽	食盐	骨粉	鸡蛋	A(国际单位)	B	E	C
银黑狐	前期	500～550	45～50	340～380	32	26	10	22	10			2.0			500	5	10	10
	后期	550～600	55～65	450～550	38	26	9	15	12	8	10	2.5	10	20	1 000	10	20	20
北极狐	前期	550～650	55～65	450～500	37	24	8	16	15			2.0			500	5	10	10
	后期	600～700	60～70	450～550	41	25	8	14	12	8	10	2.5	10	20	1 000	10	20	20

注:准备配种后期每隔 2 天加喂 1 次葱、蒜少许。

二是在日粮的组配方面,要尽量做到饲料品种多样化,加喂适量的酵母、麦芽、维生素 A、维生素 E 等添加料,可对种狐生殖器官的发育和生殖细胞的成熟起到良好促进作用。

三是从 12 月份起,每隔 2～3 天,可少量补喂大葱、大蒜等有助于刺激发情的饲料。12 月份可日喂 1 次,1 月份则开始改为日喂 2 次,早食饲喂日粮的 40%,晚食饲喂日粮的 60%。

三、准备配种期的管理

种狐处在准备配种时期,具体应注重抓好如下几个方面的管理工作。

(一) 防寒保温，保证自然光照

进入 10 月份就应在小室内添加垫草。特别是较寒冷的地区，从晚秋到整个冬季，都要保证小室中有充足柔软的垫草。除控光饲养外，种狐都要在自然光照下饲养。万不可将狐放到阴暗的室内或山洞内饲养，否则，没有规律的增加或减少自然光照都会影响狐生殖器官的正常发育和毛绒的正常生长。

(二) 搞好场区和笼舍卫生，定期做好各项免疫注射

场区大门入口处要设消毒池，谢绝无关人员进入场区（或接近笼舍），要经常打扫笼舍和小室，搞好卫生，定期对环境和笼舍全面消毒。严格执行免疫程序，在进入配种期前，搞好各项免疫注射。

(三) 注重满足供应饮水

狐的饮水很重要，但在生产实际中，往往容易被饲养者所忽视，狐一旦饮水不足，则会出现食欲减退，消化功能减弱，抗病力下降，严重者会导致代谢紊乱，甚至死亡。特别是气温高的季节一旦饮水不足，其后果更为严重。

为此，每天要保证有足够的、清洁的饮水，天气寒冷时每天可饮 1 次温水，春秋两季每日 2 次饮水，天气炎热时，则每日 3 次饮水。

(四) 严格选种

在“打皮期”，就应对营养不良或患有疾病及繁殖性能差的种狐予以淘汰，不断提高种狐质量及群体生产性能。

(五) 适时调整种狐体况

种狐体况与繁殖力密切相关，过肥或过瘦都会降低繁殖力，种狐进入准备配种后期（11 月末）就要特别注意观察体况，并控制在中上等水平的体况，对出现过瘦、过肥的现象，要尽快查明原因，及时采取相应措施予以调整。具体做法：

1. 鉴定体况：鉴定种狐的体况其方法有触摸鉴定、称重鉴定和目测鉴定 3 种方法。

(1)触摸鉴定:饲养人员通过用手触摸狐的背部、肋部和后腹部的感觉判断。过肥的狐其脊平、肋骨不明显,后腹圆厚;过瘦的狐其脊椎和肋条骨突起,后腹空松;中等体况介于肥、瘦两者之间。该种方法是较常用的鉴定方法。

(2)称重鉴定:采用此种方法必须有狐群体重的详细基础资料,一般中等体况的种狐在12月中旬,公狐体重6.8~7.8千克,母狐体重6.0~7.0千克。该种方法由于称重麻烦,一般很少采用。

(3)目测鉴定:鉴定人员靠观察狐体躯,特别是后臀部宽平或中间凹陷为过肥,臀部曲线如弧形(鸡蛋大头的形状)为适中;臀部曲线隆起如鸡蛋小头的形状则为过瘦。

体况鉴定要做好记录,并在笼箱上做好标记,以便对过肥、过瘦的个体分别采取措施,进行调整。

2. 调整体况

(1)增肥法:一是增加食量,对个别偏瘦的狐,要在原有的基础上适当增加饲料的给量。二是调整日粮配方,如果是全群狐的体况普遍偏瘦,则要适当提高日粮标准,增加日粮中脂肪和蛋白质的含量。三是对个别食欲较差的狐,要查明原因,对症治疗。

(2)减肥法:一是增加运动量,对喜欢卧在小室内的狐,插住挡板把狐隔在运动场上,每天用一定的时间逗引,增加狐的运动量。二是适当减少饲料的给量。三是调整日粮配方,如果是全群偏肥,则适当减少日粮中含脂肪和碳水化合物高的饲料比例,适当增加日粮中蔬菜的比例。

值得注意的是:无论是对狐的减肥或增肥,都要做到适度控制,千万不可大起大落,饲料的改变也要逐步变更。生产上不提倡用饥饿方法减肥。体况鉴定时间一般安排在12月份为宜。

(六)强化异性刺激,增加运动量确保种狐发情正常,性欲旺盛

一是在准备配种后期,要把种公狐笼和种母狐笼间隔摆放,使公、母狐接触时间延长，这样可有效地刺激种狐性腺发育。二是要采取多种方式，增加种狐运动量，以便增强食欲，体质健壮，确保种狐发情正常，性欲旺盛。公狐配种能力强，母狐受配顺利。

（七）适时做好发情检查及配种前的准备工作

一是在1月上旬就要对全群种母狐进行1次发情检查，对群体发情状况做到心中有数，为具体制定配种方案提供依据。二是在配种开始前，就应做好人员安排，技术培训，制定配种方案等项工作。三是准备配种期所需必要的用品，如记录卡片、抓狐钳、捕兽网、手套、显微镜等。

第四节　配种期种狐的饲养管理

一、饲养管理的中心任务

配种期饲养管理的中心任务是：千方百计的使所有母狐都能正常发情并适时受配。确保交配的质量，使母狐尽可能全部准胎受孕。为达到此目的，除适时安排配种外，还必须抓好饲养管理的各项工作。

二、配种期的饲养

配种期内种狐的性欲旺盛，在配种过程中种狐体力消耗较大，特别是种公狐由于性欲冲动和神经持续兴奋，食欲明显下降。所以该时期供给的饲料要求营养全价、丰富，适口性强，体积小，易于消化的日粮。

种公、母狐的日粮要含有足够的蛋白质及维生素A、维生素D、维生素E、维生素B，特别是维生素E要补加到最大给量。同时不可忽视矿物质、骨粉和盐的给量，另外还要注意给喂适当量有利于发情的肝、脑、蒜、葱、麦芽等饲料。同时适当加大动物性饲料在日粮中的比例。配种期内日喂 2 次，种公狐在配种期内每天中午增加补饲 1 次。补饲的饲料要以优质、适口性好为主，一般补饲饲料的配比为：鱼类 40%，肝 15%，奶、蛋类 45%。配种期的日粮标准见表 5-16。

表 5-16 配种期种狐日粮标准

饲料/品种	日粮标准			混合饲料比（重量比）（%）					添加料[克/(日·只)]								
	热量（千卡）	蛋白质（克）	日粮量[克/(只·日)]	肉鱼类	肉鱼副产品	乳品	谷物	蔬菜	酵母	麦芽	食盐	骨粉	鸡蛋	维生素（毫克）			
														A（国际单位）	B	E	C
银黑狐	550～650	55～65	400～440	46	25	13	10	6	10	15	2.5	10	25	2 000	10	25	30
北极狐	550～650	60～70	450～490	45	26	9	10	10	10	15	2.5	10	25	2 000	10	25	30

注：参加配种的种公狐在上述标准基础上，每日中午补饲鸡蛋 25～50 克，肉、鱼 50～100 克、肝 10 克。

三、配种期的管理

(1)保持场区安静：狐对周围环境非常敏感，特别是种公狐最容易因受惊而导致配种能力下降。所以，在配种期应保持场区内相对安静，避免无关人员进入场区。对狐的饲养管理全部操作均应由固定的饲养人员实施。狐群较大时，可修建观察楼，便于在楼上观察放对情况。

(2)注意添加垫草，搞好笼舍、地面、食具的清洁卫生，预防和杜绝疾病的发生。还要细心观察，注意区分发情与发病(发情也出现食欲减退现象)，以利于及时治疗。

(3)保证给予清洁，充足的饮水，合理安排喂饲与放对配种时间。除日常饮水要充足外，交配结束后还要补饮一次饮水。注意喂饲前、后半小时内不要“放对”，这样早饲的时间要适当安排。以便相互错开。

(4)防止跑狐：在配种期由于放对配种，饲养人员抓狐比较频繁，如果稍有疏忽，就会出现跑狐现象，造成失配或因追、抓逃狐使全场被惊扰，所以，一是要做到随时检查笼舍，及时修补；二是抓取种狐时要精力集中，既要安全，又要抓牢；三是“放对”或归回原笼舍后，要随手确切关好笼门。

(5)严格按照既定的配种方案、公母狐组配计划和放对配种的操作规程，认真做好配种工作，同时，做好配种记录并及时搞好配种总结。对确切有效受配后的母狐，应及时转入妊娠母狐群。

第五节 妊娠期种母狐的饲养管理

从母狐有效受配到临产这一期间，称为妊娠期。母狐的妊娠期平均为 52 天。

妊娠期是决定狐场全年生产的关键时期，该时期饲养管理的中心任务是：确保胎狐正常生长、发育，也就是说，必须千方百计地做好防流保胎工作。

一、妊娠期的饲养

妊娠期母狐机体的生理变化非常复杂，营养需要也是全年最高的时期。该时期母狐不仅要维持自身的新陈代谢，还要满足胎狐在体内生长、发育所需的营养及为产后正常泌乳蓄积营养的需要。如果该时期饲养不当，将会出现一系列诸如胚胎被吸收、死胎、烂胎或流产等妊娠中断的现象，给狐场全年生产造成难以弥补的损失。可见妊娠期饲养的好坏，不仅关系到群体产仔率的高低，而且还直接关系到仔狐健壮与否。为此，在对妊娠母狐饲养方面要特别注重如下几个方面：

(1)在日粮安排上，要做到日粮品种多样、营养全价，品质新鲜，易于消化。保证日粮中有足够量的蛋白质、维生素、矿物质及钙磷等营养物质。在妊娠期如果可消化蛋白质及维生素(维生素A、维生素B_1)不足，将会造成全部胎儿被吸收；缺乏B族维生素，会使怀孕期延长；饲料质量差、营养不足会导致烂胎、流产。在日粮中补给硫酸亚铁可有效地预防初生仔狐缺铁性贫血病。日粮中适当补给钴、锰、锌时，可明显地降低仔狐的死亡率。种母狐妊娠期的营养需要量可参考表5-17。

表5-17 种母狐妊娠期的营养需要量

成 分	妊娠前期	妊娠后期
代谢能(千卡)	520～550	500～550
可消化蛋白质(克)	55.0～60.0	57.0～65.0
维生素A(国际单位)	2 500.0	2 500.0
维生素E(毫克)	30.0	40.0
维生素B_1(毫克)	1.0	1.0
维生素B_2(毫克)	30.0	30.0
钙(%)	0.5	0.5
磷(%)	0.5	0.5

(2)饲喂量要适当：妊娠前期母狐的采食量开始增加，日粮中的能量水平要相对高些，胎儿从25～30天起开始迅速生长，此时应逐渐增加饲料给量。妊娠后期饲料中蛋白质水平要适当提高，以满足胎儿迅速发育的需要。初产母狐比经产母狐要适当减少(减少1/4)日粮给量。总体上把握：既要满足营养需要，又要防止过肥的原则，种母狐妊娠期的日粮标准见表5-18。

表 5-18　种母狐妊娠期日粮标准

品种＼饲料		日粮标准			混合饲料比(重量比)(%)					添加料[克/(日·只)]								
		热量(千卡)	蛋白质(克)	日粮量[克/(只·日)]	肉鱼类	肉鱼副产品	乳品	谷物	蔬菜	酵母	麦芽	食盐	骨粉	鸡蛋	维生素(毫克)			
															A(国际单位)	B	E	C
银黑狐	前期	600～700	70～80	500～600	40	19	18	11	12	15	15	3.0	20		2 000	5	20	20
	后期	700～800	70～80	600～700	37	18	24	10	11	20	20	3.0	20	20	2 500	10	30	30
北极狐	前期	700～800	75～85	600～700	49	19	19	9	11	15	15	3.0	20		2 000	5	20	20
	后期	800～900	85～95	700～800	43	17	18	9	13	20	20	3.0	20	20	2 500	10	30	30

(3)饲料调制的浓度要适当稀一些，银黑狐日喂 2 次，北极狐在妊娠后期日喂 3 次。

(4)饲喂上要区别对待，不能平均分食。

二、妊娠期的管理

妊娠期的管理重点是：为妊娠母狐创造一个安静、舒适的环境，确保胎儿正常生长发育，足月产出。为此，要具体抓好如下几项管理工作：

(1)确保场区安静，防止母狐受到惊恐：狐在妊娠期特别是妊娠后期对外界反应十分敏感。要保证场区安静，避免因惊恐而发生流产、早产和难产造成生产失败的现象，对可能出现的应激刺激要事先预防，其做法：一是在场区内饲养人员不可大声喧哗、粗暴操作和快速走动，清理粪便和安装产箱时要尽量做到动作轻、慢，减少声响；二是避免马达、鸣笛、鞭炮等噪声刺激；三是饲养人员要着装固定颜色的工作服，谢绝无关人员进入场区。

(2)搞好环境卫生，做好小室消毒并注意保温，满足清洁的饮水。

(3)准确推算预产期，并将母狐的预产日期明确的记录在产箱上，以便饲养人员对产仔情况心中有数，及时做好产前准备。生产中计算预产日期的简便方法是：月加二、日减八。

(4)做好产前准备：在预产日期的前 2 周，将产箱清理、消毒并用柔软的垫草一次性将窝絮好，如果天气寒冷，要将产箱裂缝用纸糊好，以便保温。

(5)注意观察母狐的食欲、消化、活动及精神状态，发现问题及时解决。如果发现有流产征兆的狐，要尽快肌肉注射黄体酮 15～20 毫克，维生素 E 15 毫克。除极特殊情况，在妊娠期一般不可捕捉母狐。

第六节　产仔泌乳期种母狐的饲养管理

从母狐产仔到仔狐断乳、分窝这一时期称为产仔泌乳期。此期间为 8 周左右。该时期饲养管理的中心任务是：产仔保活，促进仔狐正常生长发育，达到母健、仔壮，丰产增收的目的。为此，在饲养方面要保证供给足够的营养物质，最大限度地提高母狐泌乳能力，管理方面要保证场区安静，注重对母狐及仔狐的护理。

一、产仔泌乳期母狐的饲养

母狐从妊娠到产仔泌乳，机体发生了很大的生理变化，在饲养方面，既要充分满足其自身营养及泌乳的需要，又要针对应哺乳仔狐数及随仔狐日龄增加，相应调整日粮水平和增加饲喂数量。

仔狐初生后的4周内，唯一的食物是母狐的乳汁，仔狐的生长、发育及健康状况，完全取决于母狐的泌乳量及其品质。几种常见乳的营养成分见表5-19。母狐泌乳量越多，乳中脂肪、蛋白质及糖的含量越高，仔狐的生长发育就越好、越健壮，并能明显地提高其成活率。可见，对泌乳母狐饲养的好坏，直接影响到仔狐生长、发育的快慢。正常情况下，母狐的泌乳量很高，以带10只仔狐的北极狐为例，每昼夜泌出的乳量最高可达自身体重的10%～15%。产后的10天内每昼夜平均泌乳量是360～380克，产后的11～20天平均每昼夜泌乳量为413～484克，产后的21～30天平均每昼夜泌乳量为349～366克。仔狐对母乳的需要量随日龄的增长而增加，到仔狐开始采食后，随采食量的逐渐增加，其对母乳的需要量便逐渐减少，与此同时，母狐的泌乳量也随之相应的减少。

表5-19　狐乳及几种常见乳营养成分比较　%

营养＼乳别	银黑狐	北极狐	水貂	牛	山羊	人
干物质	20.0	30.0	19.2	12.8	13.1	12.0
蛋白质	8.0	14.5	10.7	3.5	3.5	1.5
脂肪	10.0	11.0	4.8	3.8	4.1	3.7
糖类	1.0	3.5	4.1	4.8	4.6	6.4
灰分	1.0	1.0	0.7	0.7	0.9	0.3

泌乳期母狐的日粮，必须针对吮乳仔狐数量和日龄变化，及时进行调整日粮水平，见表5-20。

表 5-20　泌乳母狐饲料添加量

体重（千克）	基础热量（千卡）	给仔狐增加的代谢能（千卡/只）					
		1～10 日	11～20 日	21～30 日	31～40 日	41～50 日	51～60 日
6.5	550	70	125	180	280	300～350	410
6.0	500						
5.5	475						

泌乳期母狐日粮的配合及饲喂方法与妊娠期基本相同，但为了促进泌乳，可在日粮中增加适量的乳类饲料（牛奶、羊奶、奶粉等）。如无乳类饲料，也可用豆汁替代。饲料加工要适当细些，调制的浓度要适当稀些。饲喂时不必控制给喂量。针对同一窝仔狐数量多少，日龄大小，区别分食，日喂 3 次，以食盆内不剩食为准。泌乳期的日粮标准见表 5-21。

表 5-21　泌乳期母狐日粮标准

品种 \ 饲料		日粮标准			混合饲料比（重量比）（%）					添加料[克/（日・只）]						
		热量（千卡）	蛋白质（克）	日粮量[克/（只・日）]	肉鱼类	肉鱼副产品	乳品	谷物	蔬菜	酵母	麦芽	食盐	骨粉	鸡蛋	维生素（毫克） A（国际单位）	维生素（毫克） C
银黑狐	前期	1 000～1 200	90～110	850～950	36	14	28	12	10	20		3.0	20	25	2 500	50
	后期	1 300～1 500	130～150	1 200～1 400	39	14	27	11	9	20		3.0	20	25	2 500	50

注：北极狐泌乳期日粮标准与银黑狐相仿，故可采用银黑狐日粮标准。

二、仔狐的补饲

仔狐到 20～25 日龄以后，由于母狐的泌乳量逐渐减少，此时单靠母乳已满足不了仔狐生长发育的需要，必须及时训练仔狐采食，进行人工补饲。补饲仔狐的饲料，应以营养丰富又易于消化的蛋、奶、肝和鲜肉为主，调制方法是将鲜肉、肝细细绞碎，加入维生素 C，用牛奶（羊奶、乳粉）调匀制成粥样补饲。

三、产仔泌乳期的管理

产仔泌乳期的管理工作很重要，也比较复杂，既要护理好母狐，又要注重仔狐的护理，具体要重点抓好如下几个方面的管理工作。

（一）保持狐场安静

母狐在产仔泌乳早期，神经处于高度兴奋状态，对周围环境中出现的声音极为敏感。突如其来的噪声惊吓可引起母狐出现弃仔、咬仔、惊恐不安的现象，如立即消除噪声后，一般母狐会很快恢复正常。但也有个别母狐仍然表现持续惊恐、弃仔不护，遇此情况要及时把母仔分开，将仔狐实行寄养。

饲养人员要着装固定颜色的工作服，晚上值班人员不可用手电筒对狐笼舍乱晃乱照，避免狐受到惊吓。

（二）注重产仔母狐的护理

一是要注意观察，若发现母狐乳头周围的毛未拔（一般母狐会自行拔毛）或拔得很少，应及时实施人工辅助拔毛，以便仔狐顺利吮乳。二是母狐临产前，会有一两顿正常厌食或拒食现象，不必另行投药治疗。三是该时期饮水盒内要保持日夜有充足、清洁的饮水。

（三）产后适时检查仔狐

产后检查是产仔保活的重要措施之一，检查的主要内容应包括：仔狐只数（胎产仔数、成活数）、仔狐健康状况、哺乳情况、垫草及窝是否保暖等项。开始检查的时间一般选在产后 24 小时之内，气温暖和的时间（天冷、夜间、清晨均不宜检查）进行。遇有母狐惧怕、表现不安的情况，可推迟检查时间或暂不检查。

检查仔狐的具体方法：一般是采取听、看、察（观察）相结合的方法判断。

听：就是不用开启产箱，通过听仔狐叫声判断，健康的仔狐很少有叫声，听到的叫声也是洪亮有力的“吱吱吱”叫声并持续时间较短，当听到仔狐叫声嘶哑、无力时，则说明仔狐不健康。

看：就是开箱检查，健康仔狐一般是在窝里抱成一团，身体温暖、浑身圆胖、发育均匀。如果看到仔狐干瘪无力，则说明仔狐不健康，应采取相应措施。

察：即观察，通过观察母狐的活动情况，也可判断哺乳情况，一般正常的母狐，产后食欲正常，很少独自在小室外活动，乳头比较饱满，说明母狐健康，仔狐哺乳正常。如果母狐食欲不好，发现稀便或频频出入产仔箱的母狐应及时采取相应措施。

应提起注意的是：检查仔狐时动作要快、轻，手上不要带有异味，可先用窝内垫草搓手后再进行检查。

（四）加强仔狐的护理

正常情况下，仔狐不需专门护理，但遇有窝仔数量过多（银黑狐一般能抚养 5～7 只），母狐泌乳量少，母狐因受惊吓而弃仔不护或遇天气寒冷、暑热等特殊情况时，必须采取相应措施，具体做好如下几项专门护理工作：

第一，有针对性的采取代养或人工喂养仔狐的办法，确保全产全活。

代养：也称寄养。就是把需代养的仔狐送给其他健康的母狐收养。接受寄养的母狐必须是母性强、泌乳量高、当时哺喂自窝的仔狐数量少，两窝仔狐出生日期相近，仔狐体型大小相仿。代养的具体方法是：先把接受代养母狐引出产箱，用其产箱内的垫草在被寄养的仔狐身上轻轻擦抹几下，然后将其与原窝仔狐放在一起，饲养人员在远处观察一会儿，如果母狐没有异常反应并能安静地为仔狐哺乳，即视为代养成功。否则如果发现母狐反应异常，出现将放入的代养仔狐弃之一旁的现象时，则应另找寄养母狐。

人工喂养：在用寄养的方式安排不了需要寄养的仔狐时，也可采取人工喂养的办法。通常是在经过消毒的鲜牛奶中加入少许葡萄糖、维生素C、B族维生素和抗生素，用吸管或特制的奶瓶喂养。

第二，注意做好防寒、防暑工作。

防寒：初生仔狐体温调节能力差，当天气寒冷时，要保证窝内垫草充足，窝形完整。产箱缝隙用纸条糊好或将产箱用棉被包严，这样可避免仔狐因受冻而出现伤亡现象。

防暑：仔狐在2周龄内运动能力很差，当遇到高温天气时，可采取遮阴或把产仔箱上盖支起来降温的办法，这样可避免因天气炎热引起仔狐中暑死亡的现象发生。

(五)搞好卫生、预防疾病

仔狐开始采食后，气温也逐渐变高，此时饲料也容易变质，如果仔狐一旦吃了已变质的饲料很容易患肠、胃炎或其他疾病，所以该时期要特别注重保持饲料和笼舍卫生，避免因疾病造成损失。

第七节　育成期幼狐的饲养管理

仔狐从断乳分窝后到取皮前（被选做育成种狐的到准备配种期）这段时间称之为育成期。

一、育成期的饲养

正常情况下，仔狐在8周龄时实施断乳分窝。断乳后10天内的日粮，仍延续按哺乳补饲的日粮标准进行饲喂，饲料的种类、比例保持原来水平不变。而后再逐渐改喂育成狐料。在2～4月龄期间，是幼狐生长发育最快的时期，此时必须供给充足的营养物质，才能满足其机体迅速生长发育的需要。

育成狐的日粮营养必须满足维持和继续生长发育的需要，随着日龄增大，体重的增加，其所需要的营养也逐渐上升，直到7月龄时为止。当育成狐进入5月龄后，对能量的需要则明显下降。见表5-22。

表5-22 育成狐对能量的需要

月龄	月初活重(千克)	代谢能需要量(千卡/日)
2～3	1.80	450
3～4	3.00	590
4～5	4.10	630
5～6	5.00	660
6～7	5.75	560
7～8	6.00	490

据有关报道：在两种不同的能量水平饲养方式下，生长末期狐的体重相似。早期中等能量的对照组，狐的体重增长比较均匀。而试验组早期高能量饲养的增长较快，体型较长、较大。见表5-23。

表5-23 育成狐日粮不同能量水平对照

月龄	对照组(千卡/日)	试验组(千卡/日)
3	470	650
4	570	640
5	680	620
6	600	540
7	550	420
8	500	420

育成狐能量供给不足时，会引起生长迟缓或停止，能量严重缺乏则导致消瘦，毛皮暗淡无光泽。饲料中的脂肪要新鲜，如果脂肪氧化会降低必需脂肪酸的营养作用，育成幼狐容易出现黄脂肪病。

2～5 月龄的幼狐，必须为其提供占饲料干物质重 40.5%以上的蛋白质。育成期日粮中可消化蛋白质低于代谢能 28%～30%时，幼狐虽体重正常，但体长却增长减慢。

育成期幼狐代谢旺盛，饲料利用率高，对饲料要求营养全价，质量要好。在饲养方面应注意防止营养缺乏性疾病，在饲料中还要添加足够量的矿物质、维生素，予以满足幼狐需要。日粮标准见表 5-24。

表 5-24　幼狐育成期饲养标准

饲料／月份	日粮标准			混合饲料比（重量比）（%）					添加料[克/(日·只)]				
	热量（千卡）	蛋白质（克）	日粮量[克/只·日]	肉鱼类	肉鱼副产品	乳品	谷物	蔬菜	酵母	食盐	骨粉	维生素（毫克） A（国际单位）	维生素（毫克） E
7～9 月	550～650	50～60	不限量随日龄递增	43	14	11	19	13	8	2.5	10	800	10
10 至翌年 1 月	500～600	50～60		41	15	10	18	16	10	2.5	10	1 000	20

二、育成期的管理

育成期应重点抓好如下管理工作：

(一)要适时断乳、分窝

1. 断乳、分窝前的准备：在计划断乳、分窝之前，应根据幼狐的数量，购置并准备好场地、笼舍，食具、用具，所有的设备要经过清洗和消毒。还要选派有经验的饲养人员承担育成狐的饲养管理工作。

2. 断乳、分窝的适宜时间：断乳、分窝要尽量做到适时，才能有利于仔狐的生长发育和母狐体质的恢复。如果断乳太早，由于仔狐独立生活能力较差，对外界环境特别是对饲料条件很难适应，则容易出现生长受阻的现象。如果断乳、分窝太晚，又容易出现仔狐之间争食咬架的现象，这样影响弱仔的生长，狐群发育会更加不整齐，同时也影响了母狐体况的正常恢复。

在正常情况下，仔狐到 8 周龄时断乳、分窝比较适宜。也可根据具体情况适当提前或延迟断乳时间。当母狐体弱、患病时，因其护理仔狐能力降低，应适当提前断乳；若母狐体质好，泌乳量充足，而仔狐发育又较差时，也可适当推迟断乳日期。

3. 断乳、分窝的方法：断乳、分窝的具体方法较多，一是当仔狐发育均匀时，可先将母狐转移到另一笼舍，同窝仔狐在原笼舍内生活一段时间后，再逐步分窝的方法；二是当同窝仔狐发育不均匀时，可将强壮的仔狐先行与母狐分开，其余弱仔留给母狐继续哺育一段时间，待其独立生活能力较强后，再行分开的办法。

具体分窝时，开始可 2～3 只幼狐同笼舍饲养一段时间，然后再逐步分为单笼饲养。笼舍不足时，也可短期一笼双养或多养，但要注意：一是同笼幼狐的体况要相近；二是笼舍空间要较大；三是投放饲料量要充足。

（二）严格做好预防接种

接种疫苗一般是在分窝后的 2～3 周内注射。可根据狐群情况及当地制定的免疫程序，注射犬瘟热、狂犬病、狐脑炎、病毒性肠炎等疫苗。可注单苗，也可注射二联苗或多联苗。

育成期幼狐由于从母体接受的免疫力逐渐减弱，机体免疫机能还不够完善，因此，在管理上要十分注意加强防疫工作，防止从饲料和饮水渠道传播疾病，一是对食具要一顿一清，一日一冲洗，定期消毒；二是严禁饲喂腐败变质的饲料；三是保证饮水要清洁卫生。

（三）认真选种

育成期要抓好 3 次选种工作。一是初选要在分窝的同时进行，将其双亲性状良好、生产性能高，自身出生期早、生长发育好的幼狐作为育成种狐饲养；二是复选在8、9月份进行，在初选的基础上，选择生长发育良好的作为育成种狐饲养；三是精选，在复选的基础上于配种期前，按照种公、母狐的种用标准，严格选留优秀个体作为基础种狐。对在每次选种中被淘汰的幼狐，要及时将其转到皮用狐群饲养。

（四）注意防暑降温

狐的育成期一般正处于气温较高的季节，为防止阳光直射在狐的身上，笼舍上要有遮阴设备，同时，要增加饮水次数，保证饮水充足、新鲜。

（五）做好记录，建立档案

对仔狐的成活、生长、发育情况及毛色分离情况都要记录在案，为进一步提高群体生产性能和育种工作奠定基础。

第八节　恢复期种狐的饲养管理

种公、母狐的恢复期也叫静止期。种公狐从配种结束（4月份）至准备配种期，性器官再度发育，这段约5个月的时间为恢复期；种母狐从仔狐断乳、分窝之后直至配种准备期之前（8月下旬），这段约2个月的时间为恢复期；空怀且又没被淘汰的种母狐，自配种期结束就归入恢复期饲养。

一、饲养中心任务

进入恢复期的种公、母狐，由于刚刚经过繁殖期体力、精力和营养的消耗，体况十分消瘦，体重处于全年的最低水平（尤其是母狐），而且食欲较差，采食量也较少。

该时期饲养方面的中心任务：一是提高营养，增加肥度，尽快补充繁殖期的营养消耗，迅速恢复正常体况。二是为冬季毛绒生长及安全越冬储备营养，同时为保证下年度的正常繁殖打下良好的基础。

二、饲养管理方法

针对恢复期种公、母狐的生理状况和饲养中心任务，在具体饲养方法上应注重如下几点。

（一）逐渐变更饲料，保证营养需要

种公狐在配种结束后及种母狐在仔狐断乳分窝后的20天内，要分别继续给饲配种期或泌乳期的日粮。而后，在1周内逐渐改变喂给正常的恢复期日粮，为方便起见，也可以喂给予育成狐相同的日粮，但给喂量要少于育成狐。其恢复期的日粮标准参考表5-25。

表5-25　种公、母狐恢复期的日粮参考标准

饲料 时间	日粮标准			混合饲料比（重量比）（%）					添加料[克/（日·只）]					
	热量（千卡）	蛋白质（克）	日粮量[克/（只·日）]	肉鱼类	肉鱼副产品	乳类	谷物	蔬菜	酵母	食盐	骨粉	维生素（毫克）		
												A（国际单位）	B	C
4～8月底	450～500	45～50	300～350	39	18	10	20	13	8	2.5	10	1 000	5	10

注：①种公狐：4～8月底；种母狐6～8月底。

②北极狐的热能标准为500～600千卡。

（二）组配日粮

在具体组配日粮时，日粮中动物性饲料的比例（重量比）不可低于15%，谷物类饲料要尽量多样化，加入20%的大豆面可有效地提高混合日粮的适口性，促进公、母狐的采食量，以便尽快恢复体况，蓄积脂肪，以确保安全越冬。

（三）管理方法

在管理上基本与育成狐相同。一是注重防暑；二是保持环境

安静；三是做好定期免疫；四是针对前一个繁殖期个体的表现成绩，将不合格的个体及时淘汰，以不断提高种狐的群体质量。

三、注意事项

(一)要重视恢复期狐的饲养管理

在养狐生产中，对种狐恢复期的饲养管理往往被相当部分的饲养者所轻视，当种公狐配种期结束后，正值母狐进入妊娠期，通常饲养者会把主要精力放在对怀孕母狐的饲养管理上，自觉或不自觉地就忽视了对种公狐的饲养管理了。而当仔狐断乳分窝后，饲养者又把工作的重点转移到对育成幼狐的饲养管理上，此时对母狐的饲养管理很容易又被忽视。还有个别饲养者甚至错误地认为，母狐此时既不妊娠，又不哺乳，离下年的配种期还很远，饲养管理上好点、差点无关紧要。这是完全错误的，事实上，加强种公、母狐恢复期的饲养管理，对翌年的繁殖有着重要的意义。

(二)要注重恢复期饲料的营养和质量

有部分狐场为节省饲料费用，给喂恢复期种狐的日粮只用玉米面加蔬菜，更有甚者用次品料和剩食饲喂，此举实为不妥。必须加强营养，保证质量，否则将造成难以挽回的损失。

第九节　皮用狐的饲养管理

在一个养狐场，计划在当年屠宰打皮的狐即视之为皮用狐。皮用狐的组成来源有三：一是成年狐在繁殖期结束，经鉴定不适再作种用并被淘汰的公、母狐；二是当年产的幼狐，经初选、复选、精选 3 次选种，每次被淘汰的幼狐；三是因伤、残或患有难以治愈的疾病临时作淘汰处理的狐。

一、皮用狐的饲养

饲养皮用狐的主要目的是获得优质毛皮。在饲养方面，主要是保证正常生命活动及促进毛绒生长、成熟的营养需要。为适当降低饲养成本，皮用狐的饲养标准较种用狐可稍低些。在日粮的搭配上，可适当多用些含脂率较高或营养价值低的廉价的动物性饲料，这样既可有利于降低成本，又可增加毛绒的光泽。皮用狐的饲养标准见表 5-26。

表 5-26　皮用狐日粮参考标准

饲料 时间	日粮标准			混合饲料比（重量比）(%)				添加料[克/(日·只)]					
	热量（千卡）	蛋白质（克）	日粮量[克/(只·日)]	肉鱼类	畜禽副产品	谷物	蔬菜	酵母	食盐	骨粉	维生素（毫克）A（国际单位）	维生素（毫克）B_3	维生素（毫克）PP
4～8 月	450～550	40～50	300～350	30	21	31	18	8	2.5	10	1 000		
9～11 月	550～650	40～50	350～400	21	18	38	23	8	2.5	10	1 000	3	5

注：①日粮给喂量可视体重大小，适当调节；
②日喂 2 次。

二、皮用狐的管理

皮用狐管理的主要任务是千方百计地提高皮、毛、绒质量。为此，应注重如下几点：

(1)加强笼舍卫生管理，定期清理消毒。

(2)进入 10 月份就要在小室内铺放垫草，保证毛绒膨松，以利于梳毛。

(3)喂饲时要注意避免饲料沾污毛绒，以防毛绒缠结。

(4)注意观察，适时屠宰打皮，保证皮、毛质量。

第六章　狐场的建设与管理

第一节　养狐场场址选择的基本条件

养狐场场址选择的如何，是直接影响生产效果和生产发展的重要因素。为此，不论是养狐场地规模大小，场址选择一定要合理，具体应按如下三个方面的基本条件，综合考虑，权衡利弊，确定场址。

一、饲料条件

饲料来源如何，是选定狐场的首要条件，以每养 100 只种狐（公、母比例为 1∶3）计算，全年饲养量银黑狐可达 368 只（群均成活 4 只），北极狐可达 500 只（群均成活 7 只）。一年需动物性饲料分别为 23 吨和 36 吨。谷物类饲料分别为 5.4 吨和 5.7 吨。蔬菜饲料 5～6 吨。因此，建场地点最好应选在饲料来源广泛、又容易选购（获得）且运输方便的地方。如鱼业区、牧业区、或靠近肉、鱼类加工厂及孵化厂的地方。规模较小的养狐场必须就近能够解决或购买到各种饲料，特别是动物性饲料。这是选择场址的先决条件。

二、自然条件

(1)养狐场要选在地势高燥、易于排水、向阳、通风良好的地方。

(2)场地的水源必须充足，水质洁净，决不可使用“死水”、臭水或被污染过的水及含矿物质过多的泉水。

三、社会环境条件

(1)交通方便,靠近电源干线:养狐场要选在交通相对较方便又容易解决通电的地方。

(2)相对远离村庄和其他养殖场:为便于搞好卫生防疫,养狐场应与畜牧场、养禽场和居民区(村庄)保持一定的距离(最少500～1 000 米)。

(3)相对远离公路干线、铁路和矿山:养狐场的环境要求一定要安静。选址时要注意避开喧闹的公路、铁路、机器房及矿山等干扰因素。

(4)选择场地面积既要满足现实生产的需要,还应考虑到将来扩大生产规模,增加占地需求的余地。

第二节 狐场的场区规划与建设项目

一、场区布局规划

在场址确定后,就要根据场地的具体地形、风向,按计划生产规模,先制定出场区布局规划。即按实际建筑及用途的需要确定出生活区、生产区、后勤供应区以及粪便处理等区域的位置、面积,以便为具体建场奠定基础。具体布局规划的原则是:

(1)坚持以生产实际需要出发,本着权衡利弊,有利于防疫,有益生产,实际、实用的原则进行合理布局。

(2)根据场区的风向,生活、办公区应布设在上风头,依次为后勤保障区(饲料加工、料库、防疫室等)、生产区(养殖区、屠宰打皮、皮毛加工间)、粪便、污物处理场。

(3)据场区地势,布局时,生活、办公区也要尽量安排在高地势带,以避免生产区的水流向办公、生活区。

(4)在场区的小环境中,生产区一定要注意安排在相对安静的地块。

(5)全场场区布局要符合生产流程的需要,重点着眼于合理布局,科学规划,便于管理,有利于生产。

(6)饲料加工间的布局要与办公生活区和狐养殖区及饲料调制间、皮毛加工厂之间要相对隔离,至少保证有 150～200 米的距离为宜,以便于防止其他动物和家畜带来疫病传播,同时也有利于避免噪声对兽群的干扰。

二、场区建筑项目

如果是具有相当饲养规模的养狐场,其建筑项目应包括如下几项。

(一)围墙

为防止跑狐及加强卫生防疫的安全,需在狐场四周建造1.5～1.7 米高的围墙。围墙可用砖、石、竹板、铁皮、铁网片等材料建成。总体要求是围墙要坚固。

(二)棚舍

狐的棚舍是比较简单的建筑,其作用是遮挡雨雪和防止烈日暴晒。棚顶一般要求盖成“人”字形,用角钢、木材、水泥柱做支柱均可,上盖可用石棉瓦、油毡纸或用树条制成“扒片”、抹泥再苫上稻草也可。棚檐高 1.5～2 米,长度视饲养量的多少而定。

(三)其他附属建筑

(1)饲料加工、调制间及贮藏室和皮毛加工厂。其建筑面积要视饲养及发展规模而定。建造时一是要注意有利消毒,地面、墙壁要特殊处理(水泥地或地板砖、壁瓷砖等);二是要注意设有适当的(外排量大)排污水道,便于每日冲洗消毒。

(2)办公室、兽医室、警卫室及仓库。按常规性建筑建造即可。

(3)消毒池(室)、瞭望台及粪便污物处理池。瞭望台建在距养殖区一定距离的至高点处，以便于较清楚地观察到种狐在笼箱中的活动情况为宜；粪便处理池建在场区的最“下风头”处，并与养殖区的棚舍保持一定的距离，粪便最好另行开门外运。

第三节 养狐场饲养设备

建养狐场特别是具有一定规模的养狐场，必须选购相应的配套设备，才能适应养殖的需要，保证生产的需求。主要有饲养设备、机械加工设备和其他服务性设施等。

一、养殖设备

直接用于养狐的设备主要是笼舍及其附属用具。笼舍分种公狐笼舍、种母狐笼舍和幼狐（育成狐）笼舍，笼舍又附有小室。

（一）种公狐笼舍

种公狐笼舍一般规格是300厘米×100厘米×100厘米（长×宽×高），腿高（或网底离地面高）不超过70厘米，笼舍的6面均以铁网片围制而成。铁网以镀锌网最好，铁丝粗2.0～2.5毫米，网孔为3厘米×3厘米，底孔要稍小些，以2.5～3厘米为适宜。笼舍上面盖有遮阴用的石棉瓦或木板加油毡纸做防雨层。在笼舍的一端连接小室通道，通道的另一头则与小室连接。见图6-1。

（二）种母狐笼舍

种母狐笼舍一般的规格是300厘米×100厘米×100厘米，笼腿高（或网底距地面高）70厘米。种母狐笼的前壁高100厘米，后壁要较前壁低20厘米，使上盖呈向后斜坡，便于雨水流下。笼的前面、两侧和笼底围以铁网，前面靠两边各留一个门，后面在笼中间处留一个提狐门。笼的背面钉以木板，在笼舍一侧连接小室通道，通道的另一端与小室相连接，在小室内设有狐的产箱。见图6-2。

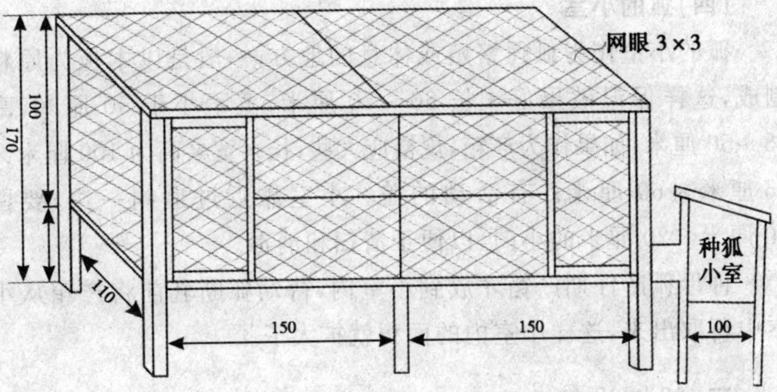

图 6-1 种公狐笼舍(单位:厘米)

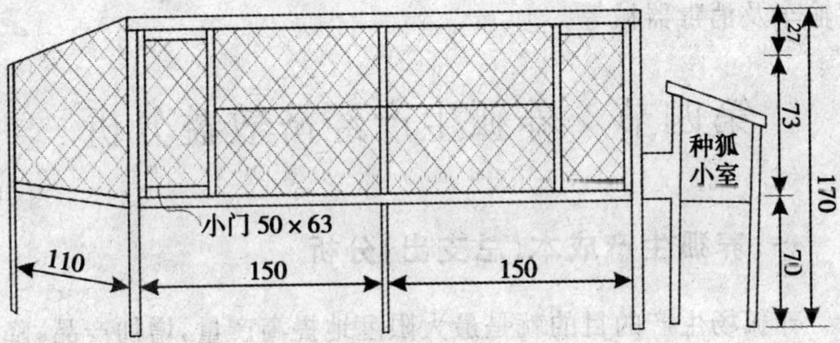

图 6-2 种母狐笼舍(单位:厘米)

(三)幼狐笼舍

幼狐笼舍约为种公、母狐笼舍的一半大小,其规格为 150 厘米×100 厘米×100 厘米,小室及小室通道的规格及放置方法与种公、母狐的小室相同。生产实践中,常将种公、母狐笼舍中间加一隔网即可饲养断乳后的幼龄狐。

(四)狐的小室

狐的小室作为狐狸繁殖或休息的地方,一般是以木板为原料制成,这样保温效果好。长60～70厘米,宽不小于50厘米,高45～50厘米;如果作为产箱,规格应大些,长×宽×高为100厘米×65厘米×60厘米。有活动的盖。小室靠近过道侧一边,要留20厘米×20厘米的小门,以便于清扫和消毒。

种母狐产仔期产箱才放到小室内,待幼狐断乳前将产箱从小室中再取出来,这样小室内的面积就扩大了。

二、机械设备

狐场的机械设备主要有饲料加工、调制设备,如肉类、谷物粉碎机、搅拌机和饲料蒸煮器具;屠宰及皮毛加工机具;其他设备如运输车及消毒器械等。

第四节 养狐生产经济效益分析

一、养狐生产成本(总支出)分析

养狐场生产的目的就是最大限度地提高产量,增加产品,降低成本,取得最好的经营利润。

成本就是单位产品的物力与人力的消耗费用,它可分为直接费用和间接费用。

(一)直接费用

直接费用是指直接投入到产品生产过程的费用,其中包括:饲料费、现场生产人员工资、饲养场直接使用的工具费、场地费、当年维修费等。直接费用占总成本的绝大部分。

(二)间接费用

间接费用是指用于服务性生产的费用,其中包括:后勤、行政人员工资、非生产性建设投资、行政管理费用、主要建筑、设备折旧费,设备维修、饲料损耗费等。间接费用应占总成本的较少部分。间接费用的高低取决于经营管理水平和狐群的规模这两个直接影响因素。

幼狐饲养费也是狐场的主要成本,其中支出最多的是饲料费,其次是工资,最后是间接费用。育成成本见表 6-1。

表 6-1 幼狐育成成本

消费项目(%) 品种	饲料	饲料加工	工资	其他直接消费	间接消费	总计
北极狐	72.8	4.1	10.9	6.5	5.7	100.0
银黑狐	70.4	4.1	11.8	8.0	5.7	100.0

二、养狐生产总收入分析

对于单纯经营(只养一类动物)的狐场,其经济收入应包括:出售皮张收入款、出售种狐收入款、出售副产品及粪肥收入款等。其中前两项为主要收入。

对于养狐场,产品(皮张、种狐)的数量和质量对增加收入影响极大,在条件允许的情况下,狐的饲养总数及平均产量越多,则总收入也随之增加。产品(皮张和种狐)的质量好坏,其售价也大不相同,然而其成本却是相同的,可见饲养品种好、毛色正、个体大的狐其产品售价最高。相应的狐场的收入也越高。

三、养狐生产效益分析

养狐的总收入减去总支出,即为养狐效益,正数为盈利,负数则为亏损(负盈利)。一般按正常生产水平,群平均育成数是北极狐6只、银黑狐4只。按产品皮张计算,其成本利润率为北极狐30%～50%,银黑狐40%～60%。如果在产品中,有1/3作为种狐出售的话,则效益可翻一番以上。

养狐场的效益,在成本和产品卖价不变的条件下,其利润多少直接取决于生产水平的高低,即每只母狐年终育成幼狐数的多少。因为种狐的饲养成本不变又是被育成幼狐摊销计算,故而育成的幼狐越多,盈利就越大。

当育成幼狐低于某一数值时,效益将会出现亏损。计算上将这一决定盈亏的临界数值称之为风险点(年终幼狐平均育成数)。北极狐的风险点为3.0,银黑狐的风险点为2.0。由于国内外狐皮价格变动频繁,起落价格悬殊,故而养狐的风险点也不是固定不变的(毛皮价越高,风险点越低,而毛皮价格越低,则风险点越高),所以说养狐的风险性较大。

四、提高狐场生产效益的主要措施

作为一个养狐场,要想提高经济效益,其主要措施一是降低成本,二是增加收入。也就是说以最小的投入,获取最大的经济效益。具体应从科学饲养管理,组建规模适度、注重优良品种,准确掌握市场信息,提高经营管理水平等几个方面抓起。

(一)降低饲养成本

1.降低饲料成本:饲料是养狐生产的最大支出项目,饲料成本一般占生产总成本的72%～75%。可见狠抓饲料的采购、运输、贮存及合理利用饲料是降低总生产成本的关键。一是饲料的采购,既要保证质量又要价格合理,保证购入的饲料“物有所值”。二是饲料的运输和贮存,重点是选择适宜的运输方式和良好的贮存条件,以便降低运费,减少饲料的损耗浪费,保证饲料质量,避免因饲料保管不当而造成的直接经济损失。三是饲料的加工调制，要做到加工方式正确，细度适宜，搅拌均匀，有效发挥饲料原有的营养作用。四是合理地利用饲料。其关键是制定科学合理的饲养标准，按标准有针对地具体配制出不同生物学时期狐的饲料。在选用饲料原料方面，可在保证饲料营养需要的前提下，在适当季节合理增加廉价的肉、鱼类饲料或相对适当限度的应用蔬菜、谷物饲料，会有利于降低饲料的成本。

2. 降低直接工资及医疗费和间接工资费用：一是降低工资支出的主要途径不是减少工资的绝对值，而应在于提高饲养人员的劳动积极性和生产技术水平及生产价值，从而创造出更多的收入。可以说用创造生产价值计算才是最科学最有潜力的降低工资费用的办法。二是节省医疗费用的主要途径是坚持"预防为主、防重于治"的方针，严格执行免疫程序，杜绝各种致病因素对狐群的危害。三是要尽量减少狐场后勤管理人员，保持相对最大的饲养规模，即可收到降低间接费用支出的目的。

(二)提高狐场收入(生产总收入)

(1)从提高生产水平入手，千方百计地增加产品数量.提高产品质量是增加狐场生产总收入的重要措施。一是在饲养条件允许的前提下，饲养数量和产出的产品越多，每只狐所均摊的直接费用也就相对越少。因此，在低成本的状态下，产出的产品数量越多，收入和盈利就必然随之成倍地提高。二是重视饲养优良品种的种狐，提高产品的质量，是提高狐场经济收入的关键影响因素。质量好的狐皮(甲级)和质量差的狐皮(丙级)其售价相差近 1 倍左右，而其成本却是相同的，因而经济效益也就相差近 1 倍左右。另外，生产水平高的狐场，狐群质量就高，出售种狐的数量也会增加，而出售种狐的售价比取皮的售价又有很大幅度地提高,从而相应地又增加了狐场的经济收入。可见养狐场要把育种工作作为增加经济效益的重要措施,应常抓不懈。

(2)掌握市场信息,饲养对路品种,生产畅销产品(狐皮)也是增加经济收入的重要措施之一。毛皮产品特别是狐产品的市场价格,由于受到国内外市场产品的数量、质量及流行特点等因素的制约,其价格变化频率较高,升降幅度也较大,同时呈现一定的周期性和规律性,因此,经营者必须牢牢掌握市场信息、准确预测并及时调整发展方向和饲养规模,确保产品对路,货畅其流,才能达到提高收入,增加效益的目的。

(3)在条件许可的情况下,可考虑通过狐场的多种经营增加收入,如养狐场附设养鸡、孵化、养兔等养殖项目,一是可为狐场直接提供部分动物性饲料,节省开支;二是还可直接增加经营收入。

总之,养狐场的经营,必须以市场为导向,以效益为中心,通过增加科技投入,提高经营管理水平,在增加产品产量的同时,不断提高产品质量,才能获得较高的经济效益。

第五节 养狐场的饲料计划

饲料是养狐的重要物质基础,由于养狐所需动物性饲料比重较大,这种饲料的采购、贮存都有较多的限制因素,所以,必须做出周密的饲料计划,做到保质、保量、及时供应。

一、饲料计划的依据、方法

根据狐的品种及不同生物学时期的营养需要,按照不同时期的饲养标准,计算出饲料的需求数量,即每只狐每季度和每年各种饲料消费数量,见表 6-2 和表 6-3。

表 6-2 每只银黑狐饲料消耗计划 千克

类别	季度	饲料						
		肉鱼类(按瘦肉计)	乳类	蛋类	蔬菜	粮食类	鱼肝油	干酵母
成年银黑狐	1	24.8	4.4		3.4	2.3	0.18	0.76
	2	43.5	18.4		7.4	4.8	0.38	1.43
	3	28.0	—		5.5	2.6	0.11	0.68
	4	23.9	—		5.8	2.6	0.06	0.52
	总计	120.2	22.8		22.1	12.3	0.73	3.39
幼龄银黑狐	1							
	2	6.4	1.4		0.9	0.5	0.04	0.19
	3	25.9	—		4.8	2.4	0.09	0.73
	4	24.7	—		5.7	2.7	0.06	0.54
	合计	57.0	1.4		11.4	5.6	0.19	1.45

表 6-3 每只北极狐饲料消耗计划 千克

类别	季度	饲料						
		肉鱼类(按瘦肉计)	乳类	蛋类	蔬菜	粮食类	鱼肝油	干酵母
成年北极狐	1	29.9	—		2.7	4.6	0.12	0.68
	2	57.2	13.8		6.7	10.9	0.27	1.68
	3	30.7	—		3.6	8.5	0.14	0.95
	4	32.4	—		3.7	9.0	0.15	1.01
	总计	150.2			16.7	33.0	0.68	4.32
幼龄北极狐	1							
	2	3.3	0.5		0.5	0.9	0.02	0.11
	3	30.7	—		3.4	6.9	0.13	0.87
	4	31.4	—		5.1	7.9	0.15	1.06
	合计	65.4	0.5		9.0	15.7	0.30	2.04

根据不同品种和不同年龄组，每只狐每季度各种饲料的需要量和全场存栏（或计划存栏）只数，即可做出全场每季度对各种饲料需求总量的计划。

狐场管理人员根据饲料消耗计划，有针对性地，按季度分期、分批组织采购、运输和贮存饲料，这样既可保证饲料按时、如数供应，又可有效地避免因盲目进货而造成饲料积压所带来的损失（饲料积压一是影响资金正常周转；二是降低饲料的生物学价值；三是降低冷库的利用率）。

值得注意的是，在制定饲料需求计划时，要在按饲养标准实际需要的基础上，做出正常损耗的计划量，损耗量一般掌握在实际需要量的2%～3%，这样才能保证满足数量需求。

二、各种动物性饲料替代换算标准

由于各种饲料的营养价值不同，在生产实际中经常出现各种饲料需要相互替代的情况。其具体换算办法是：与100克瘦肉等营养价值为标准，计算其实际重量即可。参见表6-4。

表6-4 百克瘦肉等营养价值换算 千克

与100克瘦肉等营养价值的其他饲料量如下：

全鱼	125克	鲜内脏	150克	腿、爪	200克
鱼内脏	125克	乳房	150克	鸡杂碎	200克
脾脏	125克	肺	160克	黄豆	60克
血	130克	家畜头	170克	蚕蛹	45克

注意：通过表6-4，不仅可以换算与此100克瘦肉等营养价值的其他饲料重量，还可以在其他各种饲料之间相互比较进行换算，以便在生产实际中，饲料品种遇有缺项，随时替补。

第六节 养狐场的生产计划

一、生产计划内容

生产计划主要包括：一是每只种母狐年平均育成幼狐数量；二是年终全场种狐存栏总数；三是全年出售种狐数量及出售毛皮张数；四是年终增加基础种狐的数量；五是生产定额计划。

计划每只母狐平均育成幼狐数量时，要根据基础母狐群生产性能、上年饲养管理条件、饲养员业务熟练程度以及狐群年龄构成比例等 4 个方面的情况综合而定。一般计划确定为 4～4.5 只。初产种母狐育成数低些，而经产种母狐育成数则可高些，初产与经产母狐两者相差为 20%～30%。

狐场饲养人员的生产定额要与全场生产计划相适应。必须明确如下几项计划指标，即每个饲养员、饲料加工员负责狐的只数；种狐繁殖指标和仔幼狐育成数；生产的产品定额（主要指出场合格种狐数和毛皮的产量与质量等）。

生产定额计划要根据本场历年经验和饲养人员素质，灵活确定，要留有余地，切实可行，要体现按劳取酬、多劳多得的分配原则。

二、生产计划的实施

生产计划的实施，就是将计划中的各项指标细化成具体生产任务，再将各项生产任务分解落实到各生产环节的承担者头上，与上述讲的饲养人员的生产定额相吻合。为确保计划实施应注意：

（1）明确各生产人员的职责范围。做到任务（含指标）明确，责任到人，实行岗位责任制。

（2）实行效益工资制，使每个生产者的工资与其完成任务的程度直接挂钩，充分体现多劳多得的原则。

(3)注意提高员工的专业技术水平，有计划地组织技术培训，技术现场观摩，开展科学试验等活动，不断提高员工接受新技术、应用新技术的能力。

第七章 狐毛皮的初加工

第一节 狐毛皮的成熟鉴定

一、狐毛皮成熟鉴定方法

能否准确地鉴定毛皮成熟与否，是确保毛皮质量的关键环节。在生产实践中，一般通过如下两种方法鉴别毛皮是否已经成熟。

（一）通过冬毛生长成熟的关键部位鉴定法

狐每年只换毛一次，春季3～4月份主要脱换绒毛，从3～4月份开始在绒毛生长的同时，针毛也迅速地脱换和生长。但新毛的生长并不是在整个躯干上同时结束的，而是有一定顺序的（头和前肢——颈部、肩胛部和后肢——最后是尻部和尾部）。冬毛最后生长成熟的部位是狐的尻部，为此，在生产实践中，观察尻部毛绒生长成熟，就可以断定该个体狐的毛已经成熟。

（二）通过观察皮肤颜色鉴定法

鉴定时将狐稍加保定，把毛吹开并除去皮肤上的皮屑后，观察皮肤的颜色，在皮肤呈蓝色时，皮板是浅蓝色，则说明毛绒尚未成熟；当观察到皮肤呈浅蓝色或玫瑰红色时，皮板则是白色的，皮板呈洁白色即是毛绒成熟的标志。

二、狐毛绒成熟的季节

狐毛绒成熟的季节，也就是适时取皮的时间，一般在11月下旬（小雪）到12月上旬（冬至）之间，（银黑狐12月20日至27日；北极狐12月27日至1月4日）。在一个养狐场，狐的取皮应本着成熟一只取一只的原则，如果一刀切的取皮，容易出现因部分狐毛绒成熟过早或过晚而影响毛皮质量和价值的现象。

第二节 狐的屠宰、剥皮及毛皮初加工

一、处死的方法

在剥皮前，对于处死方法的选择原则是：本着简便、易行、致死快，尸体清洁、完整，毛被无污染，不影响毛皮质量为原则。

狐的处死方法较多，但在生产实践中，多采用如下几种方法：

(一)心脏注入空气法

系用普通注射器针刺入狐的心脏，同时注入空气 10～20 毫升，使狐的心脏功能遭到破坏而死亡。此法需较熟练的技术。

(二)棍击法

即用棍棒(或刀背)猛击狐的后脑或眉间，使其脑部因受震荡而死或陷入失去知觉的状态。这种方法最为简单也是在生产中普遍采用的方法。

(三)杠压胸腔法

将狐仰卧保定在地上，用光滑的木棒或扁担横放于狐的胸部，术者以脚踏木棒(扁担)，慢慢加压，使狐窒息而死。

(四)电击、麻醉或毒气

电击、麻醉或毒气也均可较快使狐致死。

二、剥皮

将狐处死之后，要在其尸体尚有一定温度时进行剥皮。不可长时间的停放，以防因受捂掉毛而影响毛皮质量，另外如果尸体冷凉后则不容易剥皮。

正确的剥皮方法和娴熟的剥皮技术是保证毛皮原有品质的关

键，如果剥皮方法不当，技术不高，很容易致使毛皮伤、残（刀洞、描刀、缺材、撕伤等）而降低毛皮质量。

狐的剥皮方法需采用圆筒式剥皮法，具体方法是：

（一）挑裆

先用解剖刀从一侧后肢爪掌间上部至后肢内侧的长、短毛交界处挑至距肛门3.3厘米（1寸处），以同样的方法再挑另一侧后肢。而后由肛门后缘（距肛门3.3厘米处）沿尾根腹面中线，挑至尾的中部，最后去掉肛门周围无毛的区域即可。见图7-1。

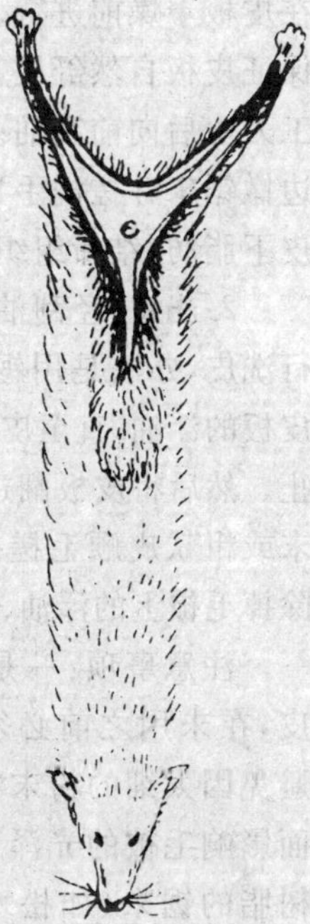

图7-1　挑裆示意图

注意：左右后肢上的开裆线，必须严格按照长短毛分界线挑开，否则，无论偏离腹侧或背侧，都会造成皮张基部不齐，从而影响皮张的长度和外形美观。

（二）剥皮

首先要剥离后肢和尾部，将尾骨和肢骨割除，保留足垫、爪在皮板上。然后将狐的两后肢挂在固定钩上（倒挂），做筒状由后向前翻剥。边拉、边剥、并边撒锯末或麸皮（往手和皮板上撒）。剥至尿道口处，可将尿道靠皮板处剪断。两前肢剥成筒状。在腋下顺肢挑开3～4厘米的开口，以便翻出前肢，前肢的足垫和爪也要保留在皮板上。最后剥离头部时，要用解剖刀或剪刀轻轻地割断皮和肉的连接处，要保证耳、鼻、眼睑、口唇完整无缺地保留在皮板上。

三、毛皮的初步加工

剥下的鲜毛皮，在出售前应做如下几个环节的初步加工和处理。

(一)刮油和洗皮

1. 刮油:由于从尸体上剥下的鲜皮,皮板上常附有油脂,血迹和部分残肉,对其需要首先刮除。刮除的过程就叫刮油。刮油应在皮板干燥前进行。可用胶管或光滑的圆形木楦衬垫于皮筒内,保证皮板自然舒展,没有皱褶,以免刮破皮板。用专用刮油刀或电工刀由后向前刮油。持刀要平稳,用力要均匀,动作要轻快。边刮边撒锯末并搓洗手指,以防油脂浸染毛被。要彻底刮净皮板上的皮下脂肪、结缔组织和残肉,个别部位刮不净的还要用剪刀剪除。

2. 洗皮:经刮油处理后的皮张,要进行洗皮,办法是用锯末或粗麸皮,先搓洗皮板的浮油,直至皮板不粘锯末或麸皮为止。然后将皮板翻过来(毛朝外),再用锯末或粗麸皮顺毛搓揉,结合用木条抽打,除掉毛被上的浮油、血污和其他异物。

注意事项:一是洗皮用的锯末或麸皮,在未用之前必须先过筛,去掉细末,避免因太细的粉末粘在毛绒上不易清除而影响毛被的光泽。二是切勿选用带有树脂的锯末(如松木锯末),以避免影响毛皮质量。

(二)上楦和干燥

毛皮经刮油和洗皮后,要及时地上楦并促其干燥,目的是使毛皮形状对称,并防止毛皮在干燥时因收缩和褶皱而造成干燥不均、发霉掉毛、压折和裂痕等缺陷。

目前尚没有统一的楦板规格,为方便起见,现推荐狐的楦板样式及规格如图 7-2 和表 7-1。

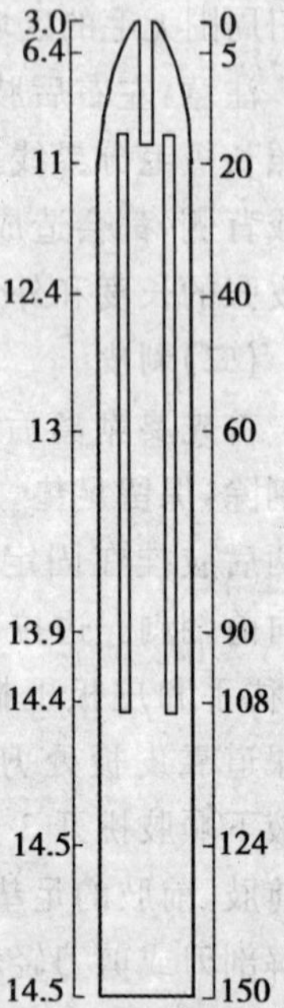

图 7-2 狐皮楦板外形及规格(厚度 2 厘米)(单位:厘米)

1. 上楦方法：经过洗好的皮板要及时上楦，先是毛朝里、皮板朝外，两耳摆正将头固定在楦板上，然后均匀的用力向后拉皮筒，使之舒展和充分伸延、加长，边拉边用图钉固定边缘，前肢翻到外面自然下垂，两后肢摆正，最后把尾自然展开并尽可能地往宽拉平固定在楦板上。待毛皮干至6～7成时，卸下楦板将其翻成毛朝外，板朝里重新上楦并做简单固定，直至全干后再卸下即可。下楦后的干毛皮，应悬挂在温度为15～20℃的室内，再进行自然晾干，可保证毛绒蓬松并具有光泽。

表 7-1　狐皮楦板规格　厘米

距顶端楦板长度	楦板宽度
0	3.0
5	6.4
20	11.0
40	12.4
60	13.0
90	13.9
108	14.4
126	14.5
150	14.51

2. 干燥方法：上好楦板的皮张，就需立即进行干燥。干燥的方法较多，可自然干燥，也可吹风干燥，还可利用水暖、气暖、电暖或火炕、火墙等方式提高室温达20～25℃。

上楦和干燥时有3点需要注意：一是在上楦时拉伸或撑开皮张时，用力不可过猛，以免造成个别部位因拉力过大而致板薄毛稀(皮板变形)。二是干燥中途翻板(翻成毛朝外，皮板朝内)要及时，以免影响毛皮的美观。三是干燥要及时，严禁在高温下烘烤，以免造成闷板脱毛或皮板胶化现象。

(三)整理和包装

干燥好的皮张要及时下楦，下楦后需进一步对毛皮进行整理，先用锯末或麸皮(过筛)洗除毛皮上灰尘和脏物，然后再用排针或梳毛梳将缠结的毛理顺、展开，使之蓬松、灵活、美观。

最后，经初步验收，将加工好的毛皮平展放入有一定形状的木箱或硬纸箱内，包装待售。

第三节　狐毛皮的质量鉴定

一、影响毛皮质量的因素

影响狐毛皮质量的因素较多，但总体可分为自然因素和人为因素两类。

(一)自然因素

1. 品种、性别、年龄对毛皮质量的影响：狐的品种不同其毛皮质量也有所差异，如银黑狐和北极狐毛皮质量好，价格也较昂贵，优于其他品种。母狐由于妊娠和哺育幼狐，其毛被光泽、皮板密度都不如公狐毛皮的质量。不同年龄的狐其毛皮品质也有差异，一般幼龄和老龄狐的毛皮，都不如成年(壮年)狐的毛皮质量好。

2. 生长所在地区和气候对毛皮质量的影响：北部或山区饲养的狐，其毛皮在毛被的密度、细度和光泽方面都好于南方或平原区饲养狐的毛皮。

3. 狐的饲料、营养程度、疫病对毛皮质量的影响：饲料中鱼、肉饲料充足，狐的营养程度好，其毛皮的光泽好，品质也好。而饲料中肉鱼类饲料缺乏，狐的营养不良，则其毛皮的品质也差。患有寄生虫病或其他疾病的狐，其毛皮品质远远赶不上健康狐的毛皮品质。

(二)人为因素

1.取皮季节对毛皮质量的影响：在不同的季节，狐处于不同的毛被脱换、生长过程，其毛被的成熟度和皮板的组织状况也不相同。狐毛绒成熟的季节，也就是适时取皮的时间，一般在农历小雪到冬至这一期间(约1个月)为取皮的最佳季节。过早或过晚取皮都会影响毛皮的质量和经济价值。

2.剥皮及初加工对毛皮质量的影响：正确的剥皮及初加工方法，可有效地保持毛皮原有的质量或能增加良好的外观质量。但如果方法不当，势必破坏或降低毛皮质量，如，剥皮方法不对可造成毛皮刀伤(洞)、描刀、缺材甚至撕伤等损失。如果晾晒不当，也容易造成脏板、油浸、贴板掉尾、霉板或皱板等严重缺陷。

3.保管方式方法对毛皮质量的影响：毛皮经过初加工后，在保管的过程中，毛皮的质量也会发生变化，如，在保管过程中，由于环境条件不良，就很容易造成虫蛀、鼠咬、发霉、掉毛等损害，轻者降低质量，重者将会使毛皮失去使用价值。

二、毛皮鉴定

所有裘皮的质量鉴定，都应以毛被的质量和影响毛被的伤残程度为主，兼顾板质。

狐皮属大毛、细裘皮类，多数为制作毛朝里的防寒衣的原料皮。这样的裘皮以保温性强，而且经久耐用为主要特点，所以当鉴定时，侧重要求：板质良好，毛足绒厚，毛细、针毛平齐无残缺。

三、狐皮的收购规格

(一)银黑狐毛皮的收购规格

1.加工要求：剥皮适当，皮形完整，头、耳、眼、须、尾、腿齐全，去掉前爪，抽出尾骨、腿骨，除净油脂，开后裆，毛朝外，圆筒按楦板上宽11厘米，下宽15厘米，长150厘米以上。

2. 等级规格

一等：毛色深黑、银针自颈部至臀部分布均匀，色泽光润，底绒丰足，毛锋整齐，皮张完整，板质优良，毛板无任何伤残，皮张面积在1.9平方市尺以上。

二等：毛色较暗或略有褐色，银针分布均匀，带有亮光，绒较短，毛锋略稀，品级应与一等皮相同，但有轻微塌脖或臀部毛锋略有擦落。皮张完整，板质良好，毛板刀伤破洞不得超过两处，刀伤总长度不可超过3市寸，或破洞总面积不能超过0.4平方寸。皮张面积在1.7平方市尺以上。

三等：毛色暗褐，光润不足，银针分布不均匀，绒短略薄，毛锋粗短，中脊部略带粗针，板质薄弱，皮张完整，毛板刀伤、破洞不得超过3处，刀伤总长度不可超过4.5市寸或破洞总面积不能超过0.6平方寸。皮张面积在1.35平方市尺以上。

3. 说明：花皮按质降等。

(二)北极狐毛皮收购规格

1. 加工要求：加工过程和皮张样式及楦板尺度均与银黑狐相同。

2. 等级规格

一等：毛色灰蓝、光润，毛绒细、软、稠密，毛锋齐全。皮张完整，板质优良，毛板没有任何伤残。皮张面积在1.9平方市尺以上。

二等：毛色灰蓝略褐，毛绒细、软、稠密，毛锋齐全。皮张完整、板质良好，刀伤、破洞不得超过两处，刀伤总长不可超过3市寸或破洞总面积不能超过0.4平方市寸。皮张面积在1.7平方市尺以上。

三等：毛色灰褐或浅褐，绒较短而薄，毛锋较稀。皮张完整，刀伤或破洞不得超过3处，刀伤总长度不得超过4.5市寸，或破洞面积不能超过0.6平方市寸。皮张面积在1.35平方市尺以上。

3. 说明：毛绒黏结严重的按质降等。

第八章 狐病防治

第一节 养狐场的卫生防疫措施

狐病的防治工作，必须贯彻以预防为主，防治结合、防重于治的原则，否则一旦发病、特别是传染性疫病，将使养狐生产受到难以挽回的损失。为此，应从卫生和防疫两个方面采取有效预防措施。

一、卫生措施

搞好环境及饲料卫生，消除致病因素对狐体的危害，是狐场的首要工作，具体应抓好如下几个环节。

(一)确保饲料卫生

1. 要从非疫区选购饲料：绝对禁止从疫区采购饲料(动物性、谷物性饲料)。堵住经饲料带入的传染源。

2. 搞好库房和冷库卫生：饲料存贮方式要得当，注意库房通风，防霉、防变。不新鲜或已经污染、发霉、变质的饲料不可饲喂。

3. 清除饲料中的有害物质：特别是肉、鱼类饲料在加工前要先清除诸如泥沙、变质的脂肪、毒鱼等杂质，再用清水冲洗后，才可进行加工。

(二)确保饮水卫生

要保证饮用未受任何污染的清洁水。保护好水源及注意饮水用具的卫生。水盒要经常清理污物，定期消毒，以防止霉菌和藻类滋生。

(三)注意饲料加工机具和喂饲用具卫生

(1)饲料加工室的地面和墙壁要用水泥抹制或贴瓷砖,以便于冲洗和消毒。每天加工完饲料后必须立即认真彻底地冲刷机具,不留“死角”。

饲料加工室及饲料库内,禁止存放任何有毒有害物质,严禁用有毒、有异味的药品消毒。

(2)饲料加工机具及喂饲用具于每次用完后,要彻底冲洗干净并定期消毒。

食盒每餐后都要刷洗;平时每周要煮沸消毒一次,如发生疫情,则应每天煮沸消毒一次。

(四)保持笼舍卫生

1.经常清理笼舍内的污物:特别是要注意清除小室内的存积食物和粪便。保持清洁卫生。

2.选好垫草并注意其卫生:选用的垫草必须是柔软、干燥、不污染、不霉烂、无异味的优质干草。

3.清除粪便,消灭蚊蝇:笼舍下面的粪便每天应清除两次并及时运出场外的指定地点进行发酵处理,消除蚊蝇繁殖、滋生的条件。

二、防疫措施

(一)消灭病源,切断传染途径,日常严加防范,防止疫病传入

(1)要加强检疫:凡从场外引进的种狐都必须经隔离饲养2周以上(隔离观察)并经过必要的检疫,确认健康无病后,方可进场混养。

各种饲料原料及饲喂用品均应从非疫区采购。

(2)养狐场的各出入口要设消毒池(槽):出入人员、车辆严格消毒,以防带入病菌、病毒。

(3)严禁其他(犬、猪、禽类等)动物进入场区混养或同在场区饲养，以防交叉传染疾病。

(4)病(死)狐剖检场地及用具必须彻底消毒；病死狐尸体要做深埋或焚烧处理。

(二)严格按照有关部门制定的免疫程序，定期预防接种

按计划定期接种疫苗，可增强狐体的特异性免疫力，这是养狐场防疫灭病的关键措施。

(三)坚持消毒

要坚持定期和不定期的预防性消毒，以消除疫病传播隐患。

(四)加强饲养管理

平时要加强饲养管理，增强体质，提高狐体对致病因子的抵抗力。

三、发生疫病时的应急(扑灭)措施

养狐场一旦出现疫情，应采取如下措施：

(1)兽医和饲养人员要及时发现病狐，请有关专家迅速确诊，如果是传染病，要尽快向当地有关部门如实报告疫情。

(2)全群检疫，隔离病狐，紧急强制接种相关疫苗。彻底(场区、笼舍、饮喂用具)消毒，消灭外界环境中的病原体，防止疫病继续蔓延。

(3)加强对已患传染病病狐的治疗与淘汰工作。

(4)全力配合，严格执行有关部门下达的疫区封锁令。

第二节　狐的传染病

一、狐犬瘟热病

犬瘟热病是由犬瘟热病毒引起的犬及肉食毛皮兽共患且传染性极强的高度接触性传染病，其主要临床特征为高热、急性眼结膜

炎、急性鼻炎及卡他性肺炎、胃肠炎、皮疹和神经症状。

(一)流行病学

在自然条件下,狐对犬瘟热病毒为易感动物。不同年龄的狐对该病的感染性具有明显的差异,幼龄特别是刚断乳后的幼狐最容易感染,而老龄狐抵抗力相对较强,所以感染此病的也相对较少。

该病的传染来源主要是病犬、病兽及带毒动物,特别是病犬是最危险的疫源,带毒兽的带毒期不少于 6 个月,其间可通过其眼、鼻分泌物,唾液、尿和粪便排出病毒,污染饲料、水源和用具等。传染途径:一是经消化道传染。二是通过飞沫、空气经呼吸道传染。三是也可通过阴道分泌物接触传染。

犬瘟热病的发生没有明显的季节性,一年四季都可发生。自然感染潜伏期为 7～30 天,长者可达 3 个月。

(二)发病机制

病毒通过口腔或呼吸道感染后,病毒则侵入咽淋巴结和扁桃体中繁殖。在感染后的 3～10 天,是病毒血症期间,此时在血液中的颗粒细胞和单核细胞中,可检测出病毒粒子。所以在病的初期,表现为一种败血症引起的发热及精神沉郁。存在于血液循环中的病毒,使血管内皮细胞受到损害,从感染后的第 7 天开始,病毒在胃肠道、呼吸道和泌尿生殖器官的上皮细胞中繁殖,有的也可在皮肤组织和中枢神经系统中定位繁殖,从而引起相应部位卡他性炎症及神经紊乱、抽搐、阵发性强直和机体较长时间的高热等症状。

(三)临床症状

自然感染时,银黑狐、北极狐的潜伏期为 9～30 天,个别的可长达 3 个月。初期,病狐食欲减退,精神高度沉郁,体温升高(40～41℃或以上),类似感冒症状。持续 2～3 天后,病狐鼻镜干燥,有的出现呕吐和轻微卡他性肠炎症状,排出蛋清样的稀便。

随着病程的进展,犬瘟热的典型症状逐步明显,开始出现浆液性、黏液性或化脓性结膜炎，结膜朝红、肿胀，羞明流泪，在眼角有多量眼屎，将两眼裂粘连或堆积在眼的周围似眼镜样；鼻子出现浆液性、黏液性或化脓性鼻炎，先是流出浆液性、后变为黏液性或脓性鼻汁，有时分泌物干涸，将鼻孔堵塞，病狐则呼吸困难，表现不安，不时用前爪拭鼻或打喷嚏，或呈张口呼吸；病狐嘴巴变粗，嘴角周边被毛粘有不洁的分泌物或饲料；常伴有下痢、肛门肿胀症状。

当肺部被感染时，病狐初期干咳，而后变为湿咳。消化器官发生卡他性炎症，表现腹泻、下痢，粪便中有时带有血液。特别是北极狐发生下痢时，严重者出现脱肛症状。

神经系统特别是脑被侵害时，主要表现是病的初期和末期，病狐出现咬肌、头肌和四肢肌肉痉挛性收缩、抽搐和麻痹或不完全麻痹。

该病急性经过的2～3天死亡，慢性的可长达20～30天，成年狐死亡率为30%～50%，幼狐死亡率可达80%～90%。

(四)治疗

狐的犬瘟热病目前尚无特异性治疗办法，如果发生本病，唯一的办法是对病狐予以对症治疗：①注射犬瘟热高免血清5～10毫升/次，连注3～5天。②肌肉注射犬病康0.1～0.3毫升/千克体重2～3次。③抗病毒血清注射2～3天。④为防止继发感染，可用磺胺类和抗生素类药物控制并发症的发生发展。⑤如果出现胃肠炎时，可随同饲料投给土霉素，每天早晚各1次，每只每次剂量为幼狐0.05克，成狐0.2克。如有呕吐现象，可注射爱茂尔每次每只1支，连用3～5天。⑥如果并发肺炎时，可用青霉素，链霉素控制，幼狐每天肌注15万～20万单位(分2次注射)，成狐每天注射30～40万单位(分2次注射)。

(五)预防措施

为预防和控制本病的发生，应采取如下措施：

(1)定期接种疫苗：严格按照免疫程序，定期接种疫苗，才是预防和控制该病的根本办法。

没有发病或没有疫情威胁的狐场，可于每年在仔狐断乳15～20天后，仔狐连同成年狐一齐免疫注射犬瘟热疫苗，1年1次，免疫期一般为1年以上。方法是最好间隔7天2次皮下注射疫苗，每次注射全量的1/2，这样免疫效果更好。如果狐场没有保存疫苗的条件，也可1次皮下注射全量。

已经发病的狐场，要以最快的速度，对全场的狐进行犬瘟热疫苗强制接种，这是扑灭疫情唯一的也是最佳的方法。一般经强制接种15天后，狐的发病、死亡率即可下降，30天后基本停止发病。

(2)建立严格的卫生防疫制度，是预防本病的重要保证：针对该病的传染源是病犬和其他带毒动物，要杜绝在狐场养狗并绝对避免狗窜入场内，同时严禁从疫区（犬瘟热区）调入种狐和采购饲料。狐场的工作人员穿着专用的工作服和胶靴、胶鞋。并不准着装工作服走出场外或回家，下班后要将工作服、胶靴放在更衣室内。从非疫区向当年发生过犬瘟热病的狐场调入种狐时，在调入前一定要先进行犬瘟热疫苗免疫，免疫15天后方可调入。

(3)狐场一旦发生犬瘟热传染病，一是要尽早确诊，立即对病群采取限制性地封锁，以最大限度地减少接触性传染的机会；二是一旦确诊为犬瘟热病，要及时对全场狐只进行紧急接种；三是在加强饲养管理的同时，要注意对地面、笼舍及用具的全面彻底的消毒。笼舍最好用喷灯火焰消毒，地面用1%漂白粉消毒，食具用2%～3%火碱消毒；四是彻底淘汰带毒病狐，并对尸体做焚烧处理，对粪便进行生物发酵处理。

二、狐钩端螺旋体病

(一)病原特点

狐钩端螺旋体病主要由出血性黄胆型钩端螺旋体菌引起的。主要传染来源是病狐和带菌动物。由于本病原体最终定位于肾脏，所以尿液是该病传染蔓延扩散的重要媒介，如尿液接触破伤的皮肤和黏膜传染；尿液污染饲料和水源通过消化道感染；还可在配种时经阴道感染。本病的传播方式较多，但经消化道接触感染是主要的感染途径。

(二)发病机制

钩端螺旋体经消化道或外伤等途径进入狐的机体内，通过血液浸入器官组织内繁殖，主要在肝脏积聚和肾脏定位繁殖。钩端螺旋体菌进入血液组织并在其中繁殖，形成菌血症，菌体（钩端螺旋体）的代谢物引起狐体的体温升高，血糖降低和红细胞崩解等病理过程和临床病变。病原体在肝脏增殖，造成肝细胞变性、坏死等损害，导致胆红素蓄积，则病狐出现黄疸。病原体在肾脏定位增殖，造成肾变性、坏死、出血，则病狐出现血红蛋白尿。

(三)临床症状

狐的钩端螺旋体病，常呈地方流行或零散发生，死亡率可达90%～100%。自然条件下银黑狐和北极狐最易感染此病。狐被感染后，主要侵害3～6月龄幼狐，成年狐较少发生。该病的主要特点是发病急，传播快，死亡率高。

被感染的狐，一般潜伏期为2～12天，急性病例2～3天死亡。主要临床症状是下痢、贫血和血尿。病狐表现体温突然升高到40℃以上，且持续时间不长。心跳加快，可视黏膜黄染，精神沉郁，食欲废绝。多数病狐出现呕吐、下痢。妊娠后期的病狐多发生流产。患该病的病狐多数转归不良或死亡或皮毛质量大为降低。

(四)防治措施

该病的治疗，早期应用青霉素治疗，可收到较好的效果。

该病的预防：一是要严格按狐场的免疫程序，按时预防接种疫苗（犬用七联苗）；二是要重点防止水源和饲料的污染和带菌动物的传播。搞好灭鼠；三是一旦发生该病要立即将病狐群隔离饲养，并检测体温，逐只治疗。同时对场内其余狐全面进行紧急接种疫苗。对病狐用过的笼舍、用具、地面要彻底消毒;四是饲养人员要加强防护(工作服、胶靴、手套)及时消毒,避免接触感染此病。

三、狐狂犬病

狐的狂犬病是以中枢神经系统活动障碍为主要特征的病毒性传染病。

(一)症状

病症同狗的狂犬病一样,多呈狂暴型。病程大至分三期:初期呈短时间的精神沉郁,病狐不愿活动,不吃食,此期病症不易被察觉;兴奋期,病狐攻击性增强,性情凶猛,扑人和扑咬各种动物,食欲减退,进而精神兴奋,狂暴不安,啃咬笼网及食具,扒撕一切物体,个别病症严重的啃咬自已躯体,咬住东西不放,吞咬异物,食欲废绝、下痢、两眼呆滞凝视;后期精神沉郁,躺卧呻吟、流涎,后肢及下颌麻痹,病程 3～6 天,最后全身麻痹,转归死亡。

(二)鉴别诊断

狐狂犬病有时容易与神经型犬瘟热病或中毒病症相混淆,应注意极早鉴别:

一是神经型犬瘟热病无凶性,不狂暴。幼狐对犬瘟热病毒最敏感。而狂犬病毒任何年龄的狐都易感。犬瘟热病脑组织切片包涵体不局限于海马角,在膀胱黏膜刮取物中也能检出包涵体,而狂犬病则无。

二是饲料中毒能查出中毒原因,同时,饲料中毒表现群体发病,出现呕吐但没有攻击行为。而狂犬病不会出现群发而呈散发或个别发病。

(三)防治措施

如果一旦出现狐被患狂犬病狗咬伤,在狐没出现症状之前,可以强制接种狂犬病疫苗。但对已经出现典型狂犬病症状的狐,只好扑杀处理,彻底消毒,以消灭传染源。

预防：养狐场严禁饲养狗、猫，并避免野狗、野猫窜入场区；一旦发生狂犬病要对全场狐只紧急接种狂犬病疫苗，以防该病蔓延。

四、狐传染性肝炎

狐传染性肝炎是急性败血性病毒传染病。病狐以体温升高，呼吸道和肠道卡他性炎症，实质性器官特别是肝脏，出现炎性坏死为特点。常呈现地方性流行。

（一）流行病学

狐和犬易于感染，并有致病力，特别是对生后3～6月龄的幼狐最容易感染。幼狐感染发病率40%～50%，2～3岁的感染率2%～3%，年龄较大的狐很少患此病。

病狐在发病初期，血液内出现病毒，以后在所有的分泌物、排泄物中排出。特别是患该病康复后的动物，自尿中排毒可达6～9个月。可见，康复和隐性感染动物为本病的带毒者，也是本病最为危险的传染疫源。另外，体外寄生虫也是本病的传染媒介。该病在流行初期死亡率高，中、后期死亡率逐渐下降。该病无明显的季节性，但由于夏、秋季节幼兽多、饲养密度大，该病发生的可能性也较大。

（二）症状

自然条件下，感染本病的潜伏期为10～20天以上（人工感染潜伏期为5～6天）。狐传染性肝炎的症状多种多样，本病发病经过有急性、亚急性和慢性3种。

急性症状：病狐表现拒食，反应迟钝，体温升高达41.5℃以上。呕吐、渴欲强烈，病程3～4天，最后昏迷而死。

亚急性症状：精神沉郁，病狐躺卧，站立不稳，步态摇晃，后肢无力，体温出现弛张热。病狐迅速消瘦，可视黏膜贫血，苍白或黄染，后肢麻痹或不全麻痹。个别病狐出现角膜炎。上述症状时而出现，时而消失。病狐兴奋和抑郁交替出现。个别病狐在喂食时表现有攻击性，病狐个别肌群痉挛。一般病程达1个月，最终死亡或转归慢性经过。

慢性症状：慢性型大部见于被污染的狐场，病狐症状不明显，常出现食欲减退或消失，有时不表现有胃肠障碍，腹泻和便秘交替出现，进行性消瘦。出现短时间的体温升高，一般慢性经过的病例都能延长到“打皮”期。

（三）防治

初次发热期，可用抗血清进行特异性治疗，以抑制病毒的繁殖扩散，但在中后期用此法效果不好。另外，用丙种球蛋白也可起到短期的治疗效果。

有的注射维生素 B_{12} 和叶酸，注射维生素 B_{12} 成年狐每只日量为350～500微克，幼狐每只为250～300微克，持续3～4天。同时随饲料给喂叶酸每只日量为0.5～0.6毫克，持续10～15天。

预防接种：定期接种单苗或联苗。预防效果较好。

五、自咬病

自咬病是长尾肉食动物多见慢性经过的疫病，病狐自己咬自己躯体的某一部位，多数是咬尾巴，造成皮张受到损害。北极狐多呈急剧发作，自咬程度也表现得剧烈，本病往往以继发感染而死亡。

（一）流行病学

自然感染以北极狐最为敏感，病势急剧，而银黑狐相比之下较为次之。

该病没有明显的季节性，但成龄狐在配种期和产仔期发病相对较多，幼狐则多在8～10月份发病。发病率的波动较大，有的年度发病率高，有的年度发病率则很低。但据有关临床观察认为，自咬病的发病率与饲料中动物性饲料的比例成正相关。动物性饲料比例高的年份其发病率也高，肉类饲料比例低的年份则发病率也低。

(二)病症

北极狐患自咬病时,病势急剧,表现咬住自身某个固定部位不松口,有时将自身的后腿咬烂、生蛆或因感染而死亡,或将尾巴全部咬掉,急性发作或病势严重的病狐,多以死亡而告终。慢性发病的狐,出现被毛残缺不全,一般很少死亡。

患狐自咬部位因个体而异,没有固定部位,但每只患狐个体自咬的位置却固定不变,总是咬一个地方。一般多以咬尾巴和后肢,有的咬尾尖,有的咬尾根,也有的专咬臀部和腹部。个别病狐将全身被毛咬断。

该病的发作时间多在喂食前后,或在有意外音响刺激时发作。

(三)治疗

该病目前尚没有特异性疗法。一般多采用对症疗法,即用镇静疗法结合外伤处理,效果较好。

盐酸氯丙嗪 0.25 克、乳酸钙 0.5 克、复合维生素 B 0.1 克、共研碎混均,分成 2 份。混入饲料中每日 2 次,每次 1 份的量。局部用双氧水,并涂以碘酊,配合青霉素肌肉注射 10 万～20 万单位即可。

(四)预防

(1)注意保持小室干燥、卫生,喂给全价饲料,补喂含硫氨基酸饲料。

(2)结合取皮,进行严格淘汰。

六、沙门氏菌病

沙门氏菌病又称副伤寒,主要是幼狐易患此病,幼狐一旦感染上该病,多呈急性经过,出现发热、下痢,体重迅速减轻,脾脏明显肿大,呈地方性流行的细菌性传染病。

(一) 流行病学

银黑狐和北极狐最易感染此病。常呈散发流行。常见有带仔母狐成窝发病，个别养狐场，沙门氏菌病每年都散发流行一段时间，这与他那个场的成狐带菌和场地污染有关。

该病的流行常具有明显的季节性，一般多发生在6、7、8月份，呈地方性流行。病呈为急性。主要侵害1～2月龄的仔狐。

母狐妊娠期如发生此病，由于子宫受到感染，常致使孕狐流产或产后1～10天仔狐大量死亡的现象。

被染沙门氏菌污染的饲料和饮水是主要的传染源。饲养管理不当，气候突然变化是引起本病的外在因素，感冒、饲料变质及防疫制度不严都能促使本病的发生。另外，仔狐换牙期，断乳期饲料质量低劣，机体抵抗力降低，都可能成为发病的诱导因素。

(二)症状

沙门氏菌病的自然感染潜伏期为3～20天(平均14天)。人工感染则潜伏期为2～5天。

根据机体抵抗力和病原的毒力强弱，该病在临床上的表现经过也不同，一般可分为急性、亚急性和慢性3种。

急性：病狐表现拒食，先兴奋，后沉郁。体温升高至41～42℃，只有在死前不久体温才下降。病狐躺卧于室内，走动时背部拱起，两眼流泪，缓慢移动。发生下痢、呕吐，一般经5～10小时或2～3天在昏迷状态下死亡。

亚急性：病狐主要表现为胃肠机能高度紊乱，体温升高到40～41℃，精神沉郁，呼吸浅表频数，黏膜和皮肤黄染，眼睛下陷无神，有时出现化脓性结膜炎。病狐很快消瘦，呕吐、下痢。粪便呈液状或水样并混有大量胶状黏液，个别出现粪便带血。病狐四肢软弱无力，尤其是后肢，常呈两后肢拖地、靠两前肢行走。病的后期两后肢出现不完全麻痹，食欲废绝，被毛蓬乱无光，在急度衰竭的情况下7～14天死亡。

慢性：病狐消化机能紊乱，食欲减退、下痢，粪便中混有黏液，逐渐消瘦、贫血，眼球塌陷或出现化脓性结膜炎。被毛蓬乱无光泽。病狐多卧于小室内，很少运动，即便是行走，也表现得行动缓慢，举步吃力而又不稳。在极度衰竭的情况下，经3～4周死亡。

如果在配种期和妊娠期，流行此病时，会造成大批母狐空怀或流产，空怀率高达20%以上，多数病狐，在妊娠中后期发生流产。

哺乳仔狐患该病时，表现为极度虚弱，吮乳无力，不活动，没有集群能力，在窝内呈散乱停卧状态，叫声嘶哑无力，发育缓慢，病程为2～3天，个别较长的达7天，多以死亡而告终。

(三)诊断

根据流行病学、临床症状，可以做出初步诊断。但最终必须经过细菌学检查才能确诊。最好在生前进行快速细菌学检查。其检查方法是：用无菌方法采取静脉血，接种到3～4支琼脂斜面或肉汤(内添加胆汁)培养基内，在37～38℃恒温箱中培养，经6～8小时后，将其培养物和已知沙门氏菌阳性血清作凝集反应，即可达到鉴别培养物有无该菌的目的。应用这种方法，在当天即能做出确诊。

在实践中要将该病与临床症状相类似的钩端螺旋体病、犬瘟热和流行性脑脊髓炎病相区别，注意做好如下类症鉴别：

一是钩端螺旋体病也有体温升高症状，但仅在病初表现体温升高，一旦黄染出现，则体温就下降到正常以下(35～36℃)。而沙门氏菌病的体温升高是持续高热，只有到病狐死亡前不久才下降。钩端螺旋体病多发生于4～6月龄幼狐，而沙门氏菌病却无明显月龄界限。

二是犬瘟热与沙门氏菌病不同的是，犬瘟热病具有典型的浆液性、化脓性结膜炎，皮肤脱屑，鼻部肿大，患狐释放出特殊的腥臭味。有的出现神经症状，足掌肿大。

三是脑脊髓炎表现为神经紊乱、嗜眠，步态不稳或做圆圈运动。

（四）治疗与预防

（1）注意保护、强化心脏机能：可皮下注射20%樟脑油，仔狐为0.5～1.0毫升，成狐为2.0毫升。

（2）用氯霉素、新氯霉素和左旋霉素治疗：仔狐5～10毫克，成狐20～30毫克，混于饲料内喂给，连服7～10天。

（3）以预防为主：一是加强对妊娠期和泌乳期母狐的饲养管理，提高仔狐对沙门氏菌的抵抗力。在仔狐的补饲期和断乳期，要注意提高饲料质量，选用优质全价又易于消化的肉类饲料。注意搞好小室卫生，及时清除剩食和粪便。二是加强饲料卫生监督，切断来自被污染饲料的传染源。三是在饲料中，可定期加入上述治疗用抗生素。四是狐场一旦发生沙门氏菌病时，要立即隔离病狐，抓紧治疗。对场地、笼舍、用具严格消毒。

第三节 狐的普通疾病

一、感冒

感冒是机体不均等受到寒冷刺激，引起的病理、生理防御适应性反应，是机体全身反应的局部表现。感冒也是导致其他多种疾病的基础（根源），又是狐常见的疾病之一。本病多发于雨后、早春、晚秋季节交替或突然降温之后。

（一）病因

气温的突然变化是引起狐感冒的根本原因。当狐抵抗力不强时，突然受到寒冷或其他致敏物刺激皮肤、黏膜、毛细管收缩、血液循环障碍，局部发炎，黏膜柱状上皮细胞发生应激反应，变成环状细胞而分泌出大量液体，以冲洗黏膜炎症产物。同时体温调节中枢也发生相应变化，则体温升高。所以在临床上出现流鼻涕、淌眼泪和发烧的症状。

(二)病症

病狐精神不振，食欲减退，两眼半睁半闭，鼻镜干燥、龟裂，可视黏膜潮红，流鼻涕(水样)、淌眼泪，体温升高1～2℃，有时呼吸困难，不愿活动，卷曲成团，卧于小室一角。

(三)治疗

多用解热、镇痛等药物注射治疗效果较好。为防止继发症的发生，可用青霉素5万～15万国际单位肌肉注射或青霉素、链霉素并用，每天注射2次，连续用药3～5天，效果更好。为促进食欲，可用复合维生素B或维生素B_1注射液，也可收到较好效果。

(四)预防

一是平时要加强饲养管理，增强机体抗病能力。二是当气温发生变化时，要注意保温，特别是在寒冷季节要严防贼风侵袭。三是保持小室干燥，注意更换垫草。

二、卡他性胃肠炎

卡他性胃肠炎即为胃肠黏膜的炎症，主要表现为胃肠分泌和胃肠蠕动机能紊乱。发生该病的主要原因是饲喂不当，一是给喂发霉变质的饲料；二是突然变更饲料品种或给喂过量；三是饲料中有异物(沙、玻璃片、铁片、铁钉等)被狐误食。

(一)病症

病狐初期食欲减退，有时出现呕吐。腹部卷缩，弯腰拱背，腹泻粪便为液状，含有未消化的饲料。继而出现下痢，排出蛋清样灰黄色或灰绿色稀便，严重者排出血便，体温变化不定，可升高到40～41℃或以上。口腔中发出恶臭气味，后期，病狐食欲废绝，体温下降，表现脱水，眼球塌陷、昏睡、抽搐，病程急剧的多在1～3天或稍长一点时间，由于治疗不及时或治疗不对症而死亡。

(二)治疗

(1)当出现群体患病时，要着眼于检查日粮组成中各类饲料的质量，尽快排除致病因素。

(2)在饲料中加喂治疗量的四环素或氯霉素(1日2次)。

(3)应用链霉素进行治疗，每只1 000～2 000国际单位。

(4)当出现脱水和衰竭时，可皮下多点注射20%葡萄糖液20～30毫升、樟脑油0.5～1.0毫升。

(三)预防

要加强对饲料的管理，严禁用发霉、变质的饲料喂狐，注意保持饮水清洁、新鲜、无污染。

三、流产

流产是在妊娠中后期，发生妊娠中断的一种表现形式，从生殖道内排出死亡或发育不全的胎儿。在一般情况下，人们不容易看到流产的胎儿，多被流产的母狐吃掉。但如果注意观察的话，可能看到母狐因吃过胎儿而排出红色、类似骨状的粪便。

(一)病因

引起狐流产的原因较多，其一是饲养不当。如饲料品种突然更换、营养不全价，饲料霉败变质、冷贮过久以及维生素补给不当或不足等。其二是孕狐生活环境不适。如噪声，饲喂人员粗暴操作等使孕狐突受惊吓而流产。其三是孕狐生殖器官发生炎症也可导致流产。

(二)症状

狐流产多呈隐性流产，虽不易看到流产胎儿，但在笼网上或地面上有时可看到残缺的胎儿、恶露。母狐表现食欲减退或拒食。排粪有时呈红色或发亮的黑色膏样粪便。有时可见到从阴道流出恶露或阴门周围被毛被恶露污染现象。

(三)防治

对已发生流产的母狐，要防止发生子宫炎和自身中毒，应肌肉注射青霉素，每次10万～20万单位，1日2次，连续用药4～5天；

注射复合维生素 B 注射液 0.5～1.0 毫升，连用 3～5 天。

对不全流产的母狐，设法防止其胎儿死亡，肌肉注射孕酮 0.3～0.5 毫升，注射复合维生素 E 注射液。

（四）预防

在妊娠期要保证饲料全价、新鲜，蛋白质充足，场区安静，尽量不捕捉孕狐。

第四节 狐的营养和代谢疾病

代谢病主要是由于缺乏维生素、矿物质等微量元素引起的营养障碍性疾病。只有在科学饲养条件下，才能避免此类疾病的发生。

一、维生素缺乏症

（一）维生素 A 缺乏症

维生素 A 缺乏，是以引起上皮细胞角化为特征的一种疾病，狐易患此病。

1. 发病机制：当动物机体内维生素 A 不足时，明显的特征是皮肤上皮细胞角质化。腺上皮细胞被无分泌作用的扁平上皮细胞所代替。银黑狐出现神经纤维、髓鞘变性，母狐滤泡变性，公狐则表现精曲细管上皮变性，从而导致其失去繁殖机能。

2. 症状：银黑狐、北极狐维生素 A 缺乏时，早期症状是神经失调、抽搐和头向后抑，失去平衡而倒地。应激性增高，受到微小的外界刺激就会引起病狐高度兴奋、不安，沿笼箅四周旋转。仔、幼狐常出现腹泻，便内混有黏液和血液，生长停止。成年母狐发情延迟或不发情，即或怀孕，也常出现早期胚胎吸收、死胎、烂胎或弱仔现象。公狐缺乏维生素 A 时，则性欲低下，精子生成受到障碍，睾丸缩小甚至失去繁殖能力。长期缺乏，则贫血消瘦，被毛粗糙无光泽。

3. 治疗：一旦出现维生素A缺乏症，治疗量的维生素A为预防量的5～10倍，银黑狐每只每天内服维生素A量为15 000国际单位。

4. 预防：预防维生素A缺乏症，一是要根据狐不同生物学时期对维生素的需要量在饲料中予以添加，特别是在配种准备期、妊娠期和哺乳期，在饲料中添加鱼肝油或维生素A浓缩剂，以每天每千克体重250～500国际单位为宜。二是注意向日粮中投给肝及维生素E效果较好。维生素E能防止肠道内维生素A的氧化。

(二)维生素E缺乏症

维生素E是几种具有维生素E活性的生育酚的总称。维生素E不足会引起母狐不孕，公狐性机能降低。

1. 病因：维生素E缺乏症的病因，一是日粮中缺乏维生素E；二是日粮组成中动物性饲料的贮存或加工不当(冷藏不好，贮存时间过长)，使脂肪氧化酸败而致维生素E被破坏；三是长期喂给脂肪含量高的鱼类(带鱼、鲭鱼)也会使饲料中的维生素E受到破坏。

2. 症状：维生素E缺乏症主要表现生殖能力被破坏或发生脂肪组织炎。母狐表现发情延迟、不孕和空怀数增加；仔狐生下后精神委靡不振，虚弱无力，吮乳困难(无力吮乳)死亡率增高；公狐则表现性机能消失，精子生成障碍。部分患狐发生脂肪组织炎。

3. 治疗：该病治疗主要是补充维生素E。其方法是：

(1)维生素B_{12} 50～100微克/(日·千克体重)、维生素E 5～10毫克/(日·千克体重)，一次肌肉注射，连注3～5天。

(2)维生素E 5～10毫克/(日·千克体重)、青霉素10万～20万单位/(日·千克体重)、磺胺嘧啶0.05～0.1克/(日·千克体重)。

(3)除上述药物疗法外，还可在日粮中增加新鲜、含维生素E

丰富的饲料(如新鲜麦芽)及增加新鲜的动物性饲料。

4. 预防:一是在狐的配种期,妊娠期和哺乳期的饲料内添加麦芽或精制维生素E制品2.5～5毫克/(日·只)。二是及时排除脂肪氧化的可疑饲料。

(三)维生素C(抗坏血酸)缺乏症

维生素C,又称抗坏血酸,缺乏时,可引起新生仔兽“红爪病”。一般毛皮动物时有发生,其他草食畜不易发此病。

1. 症状:该病的主要症状是1周龄以内的仔狐发生“红爪病”。

特殊的症状是:四肢水肿,关节变粗,足垫红肿变厚,患部皮肤紧张,高度潮红。尾部亦成水肿样。经一段时间后,趾间形成溃疡和龟裂。脚掌水肿在胚胎期或生后即发生了,开始时是轻微的,以后逐渐严重。生后第2天即可发现脚掌伴有轻度充血,此时的尾端变粗,皮肤高度潮红。

患病仔狐尖叫,不间断乱爬,头向后仰,似打哈欠样,疲惫无力,不能吮乳。

2. 治疗:产后1～5天内要及时检查仔狐,发现患病要及早治疗。其治疗方法是,用吸管滴喂3%～5%维生素C溶液,每只每次1毫升(约12～15滴),每日2次,直至水肿消失为止。但要注意的是,维生素C溶液应现用现配。

3. 预防:一是母狐日粮内,要有足够量的维生素A、维生素B_1、维生素B_2和维生素C,以保证饲料的全价性。二是在妊娠期供给足量的新鲜蔬菜,如果蔬菜不足,应补喂维生素C,每只每日50毫克。三是注意排除日粮中保存时间过长、质量不好的饲料,保证饲料的新鲜度。

(四)B族维生素缺乏症

1. 维生素B_1(硫胺素)缺乏症

(1)症状:当维生素B_1不足时,兽群食欲减退,共济运动失调,后躯麻痹为该病特征性症状。

患狐表现为食欲消失，大群剩食，身体衰弱、消瘦、步态不稳，抽搐痉挛，如果治疗不及时，1～2 天死亡。维生素 B_1 严重缺乏时，则出现神经障碍(多发性神经炎)，消化机能紊乱，厌食、废食，心脏机能衰弱，体温降低，后躯麻痹。

妊娠母狐的妊娠期延长，死胎或发育不良的弱仔狐增多。

(2)治疗：一是改善饲养管理，日粮中添加酵母，增加含维生素 B_1 丰富的饲料。二是饲料中加喂维生素 B_1，每天每只 8～10 毫克，连续 10～15 天即可。三是当出现神经症状时，可用维生素 B_1 注射剂每次 0.5 毫克，每日 1 次，连续注射 7 天。

(3)预防措施：一是注意不能长期饲喂对维生素 B_1 有破坏性的饲料。二是在繁殖期内要加喂维生素 B_1 或酵母及新鲜的麦芽。

2. 维生素 B_2(核黄素)缺乏症

(1)症状：维生素 B_2 不足，会引起皮炎，被毛脱色及生长缓慢。

患狐表现步态摇晃，后肢不全麻痹，痉挛及昏迷状态。全身被毛脱落，黑毛脱色变浅或呈灰白色。母狐发情期推迟或不育。仔狐出现无毛或在哺乳期呈灰白色绒毛。新生仔狐发育不全(腭裂分开，骨缩短)。

(2)治疗：尽早补给维生素 B_2，每天每只 3～3.5 毫克，同时再加之改善饲养管理即可好转。

(3)预防：增加饲料中维生素 B_2 的给量，尤其是妊娠和哺乳期给量应加大，以每天每只加喂 1.5～2.5 毫克维生素 B_2 为宜。

3. 维生素 B_6(吡哆醇)缺乏症

(1)症状：该病多发于毛皮动物繁殖期，维生素 B_6 缺乏会引起食欲减退，上皮角化，公狐无精子，母狐易空怀或胎儿死亡，仔狐生长、发育缓慢。根据狐的不同性别及生理状况，其具体的临床症状是：妊娠期的母狐，空怀率及仔狐死亡率增高。公狐性机能消失，无性反射。公狐睾丸萎缩其内变性又无精子。仔狐生长发育明显迟缓或停止。

(2)治疗：只要注意及时补给维生素 B_6 制剂，便可收到良好的治疗效果。可用吡哆醇盐酸盐糖粉混于饲料中投服，每只日量为：发情期 1.2 毫克；被毛生长期 0.9 毫克；生长后期每千克体重 0.6 毫克。

(3)预防：主要是要合理计算日粮中维生素 B_6 的准确含量，特别是狐在繁殖期，每千克饲料干物质内，含维生素 B_6 不可少于 0.9 毫克(国内标准)。

4. 维生素 B_{12} 缺乏症

(1)症状：由于维生素 B_{12} 的缺乏，可破坏骨髓内血液生成的正常过程和氨基酸的代谢，破坏肝脂肪的代谢过程，所以患狐在临床上表现为血液生成机能障碍性贫血，可视黏膜苍白，发育不良，特别是仔狐死亡率较高。

(2)治疗：用维生素 B_{12} 治疗效果较好，治疗量按每千克体重注射 10～15 微克，1～2 天注射 1 次，直到全身症状改善或消失即可停药。

(3)预防：一是按狐的日粮标准，科学饲养。二是在妊娠期，以每千克体重注射 6 微克维生素 B_{12}，3～5 次便可收到预防的目的。

二、磷、钙代谢障碍症(佝偻病)

(一)症状

磷、钙代谢障碍在临床上也称佝偻病和纤维素性骨营养不良。1.5～4 月龄的幼狐多发此病。

该病明显的临床症状是患狐肢体变形，两前肢肘外向呈 O 形腿，有的病狐肘关节着地。最先发生于前肢，继而后肢和躯干骨变形。有时小腿骨、肩胛骨及股骨弯曲。在肋骨和软骨接合处变形，肿大呈念珠状。仔狐的病症表现为：患狐头大，腿弯曲，腹部增大，下垂，有的不能用脚掌着地站立，而用肘关节移行，发育停滞，体型矮小。由于肌肉松弛，关节变形疼痛，患狐步态拘谨，多用后肢负重。病狐抵抗力下降，易患感冒或感染传染病。母狐若患此病，由于髋关节变形，容易出现难产现象。

(二)治疗及预防

一是补给维生素 D，每只每日 1 500～2 000 国际单位(治疗量)，持续治疗 2 周后，转为补给维生素 D 每日每千克体重 100 国际单位(预防量)。二是在药物治疗的同时，日粮中投给新鲜碎骨和鱼粉等含磷、钙较多的饲料。三是日粮中钙磷比例要合理，应保持在钙∶磷为 1∶1 或 1∶2 为宜。

第五节　狐的寄生虫病

一、狐弓形体病

弓形体病是由一种弓形体的原虫所引起的人、畜及野生动物共患的寄生虫传染病。

本病可通过接触感染，飞沫感染和胎盘感染。肉食毛皮动物，通过饲料感染的可能性较大，吸血昆虫也可充当媒介传染本病。患病动物的排泄物、分泌物都可成为传染源。幼龄动物发病率较高。如果妊娠兽感染，可造成胎儿吸收、流产、死胎、难产或产出弱仔现象。

(一)症状

成年狐患病后，呈现食欲减退或拒食，呼吸困难、浅表、频数。鼻孔及眼流出黏液，腹泻并粪中带有血液，肢体麻痹或不全麻，骨骼肌呈痉挛性收缩，心律失常，体温升高达 41～42℃，死前神经兴奋，沿笼旋转尖叫。

(二)治疗

在发病初期应用磺胺嘧啶，磺胺甲氧嘧啶、胺苯砜和敌菌净等均可收到较好疗效。在选用上述药物治疗的同时，注射B族维生素和维生素C注射液，可有促进治愈的作用。

(三)预防

一是对有怀疑的肉类，要经高温消毒后饲喂；二是对患狐进行隔离治疗，尸体焚烧处理。

二、螨病

螨病是由疥螨科或痒螨科的螨类寄生于狐体表的寄生虫病。该病以接触传染为主，引起患狐发生剧痒，以各种类型的皮肤炎、脱毛、上皮角化、增厚为特征。

螨的种类不同，引起的螨病也不一样。蚧螨引起蚧螨病；痒螨引起痒螨病。

(一)蚧螨病

1. 症状：患蚧螨病的狐，多先起源头部、口、鼻、眼、耳及胸部，随后遍及全身。患部皮肤发红，有疹状小结节，皮下组织增厚、奇痒。被毛脱落，脱毛处出现出血性抓伤。患部皮肤有皱，或形成痂皮。

2. 治疗：①轻者可于患部涂擦1%～2%敌百虫水溶液，或涂15%浓碘酊1～2次即可痊愈。②重症患狐，则可用1%～2%敌百虫水药浴。另涂布20%雄黄油也很有效。③皮下注射阿维菌素，剂量为每千克体重0.02毫升，效果较好。

(二)耳痒螨病

1. 症状：多为痒螨引起，主要发生于狐的耳部，侵害耳壳，使患部发生炎症，重者则损害中耳、内耳，甚者可并发脑膜炎。病狐临床表现摇头，以耳摩擦小室壁或笼网。有时用爪搔抓患部，患部皮肤发红，并稍肿胀，重者伤口内有浆液性渗出液流出，继而变成脓性分泌物在耳壳下缘被毛上形成黄色或黄褐色结痂。当耳痒螨钻入内耳，则损伤鼓膜造成鼓膜穿孔、失去听力。患狐食欲下降，头侧倾，严重的可并发脑膜炎，呈现痉挛和神经发作，头弯曲，此类患狐预后不良。

2. 治疗：一是患部涂擦1%～2%敌百虫溶液，间隔5～7天再涂1次。患部也可涂布15%的浓碘酊液，效果较好。另外，皮下注射阿维菌素0.02毫升/千克体重，效果很好。二是如果继发感染葡萄球菌，可肌肉注射青霉素每次10万～20万单位。三是将患病狐用过的笼舍用热碱水浸泡、刷洗或火焰消毒。对患狐及时隔离治疗，以防该病漫延。

三、蛔虫病

(一)症状

幼狐患有蛔虫病者较多，成年狐较少，蛔虫寄生于患狐的肠胃中。其症状表现，患狐身体瘦弱，精神不振，腹部胀满，消化不良，食欲下降。常出现下痢、便秘等症状。患狐有时出现阵痛回头顾腹的表现。被毛粗糙竖起。

(二)防治

①用驱蛔灵，每次1～2片，1周后重复用药1次，即可收到较好的驱虫效果。②选用伊维菌素，每千克体重0.02毫克治疗，效果较好。

第六节 狐的中毒性疾病

一、亚硝酸盐中毒

蔬菜饲料中，多数都含有硝酸盐类，如果保管和调制方法不当，则在脱氧细菌参与的生化过程影响下，蔬菜中的硝酸盐很快就变成了亚硝酸盐。这种亚硝酸盐可致动物全身组织缺氧和外周循环障碍。

(一)症状

狐亚硝酸盐中毒时,一般在喂食后很快发病。其表现为流涎、口吐白沫、腹痛、腹泻和呕吐,呼吸困难,四肢无力,步态摇晃,后躯麻痹,黏膜发绀,脉增数、微弱,阵发性惊厥,个别病例也有未出现任何症状而突然死亡的。

慢性中毒者,表现受胎率低、流产、无力、步态拘谨,发育不良或腹泻等不同症状。

(二)预防

本病必须以预防为主。一是饲用蔬菜严禁堆积存放,加工蔬菜之前,必须去掉腐烂部分并充分洗涤。二是蒸煮加工时,宜急火快煮(不要小火、焖煮)并敞开锅盖。加工好的蔬菜应尽快从锅内取出,晾凉后即喂,不宜在锅内贮存时间过长。三是对因堆积发热变黄的蔬菜,要弃之不用。

二、肉毒梭菌素中毒

本病是由于狐摄食被肉毒梭菌污染并产生外毒素的肉类、鱼类等动物性饲料,引起的急性细菌性外毒素中毒病。毒素经胃肠黏膜吸收很快进入血液,侵害神经系统和横纹肌,造成运动神经麻痹和延脑麻痹。

(一)症状

狐多于食后 8～12 小时突然发病(慢者 48～72 小时),临床可分超急性型、急性型和慢性型三种,狐多为急性经过。

超急性型:病狐卧地不起,想站又站不起来,呈现痉挛、昏迷、全身麻痹状态,经数分钟或十几分钟死亡,死亡率近 100%。

急性型:狐多属急性型,病狐开始表现动作不协调,行走摇晃,随后则出现进行性全身麻痹。先是后肢麻痹,站立困难,呈拖腹爬行(海豹式行进)。继而前肢、舌、下颌及后躯也出现麻痹,患狐侧卧不动，舌脱出于口外，下颌下垂、流涎，不能采食和饮水，排粪排尿失禁。最后出现心脏麻痹，窒息而死。

慢性型：病狐舌和喉头轻度麻痹，肌肉松弛无力，步履不稳，容易倒地，站立困难，粪便干燥，病程可持续 10 天左右。

（二）防治

1. 治疗：由于本病具有来势急、病程短、死亡快、群发等特点，来不及治疗，同时也没有好的治疗办法。只可对症疗法予以强心、利尿，静脉注射 5%葡萄糖液。

2. 预防：重点应做好预防工作，一是注意饲料卫生检查，饲料要低温保存，不可堆放过厚。加工好的饲料要及时给喂，不可存放过久。失鲜和可疑饲料要经高温处理后再喂。二是注射肉毒梭菌疫苗，常用的是 C 型肉毒菌苗，每次每只注射 1 毫升，1 次接种，免疫期可达 3 年。

三、食盐中毒

（一）症状

狐因采食食盐过量，会发生中毒。其临床表现，兴奋不安，饮欲急迫，严重的呕吐，从口鼻中流出泡沫样液体。呈急性胃肠炎症状，腹泻，全身虚弱无力，严重者可导致昏迷而死。

（二）治疗

一是首先大量给予患狐饮水，内服牛奶或绿豆汤水。二是及时维持心脏正常功能，皮下注射 10%～20%樟脑油 0.5～1.0 毫升或静脉注射葡萄糖液。

（三）预防

一是要严格掌握日粮中食盐的给量。具体向饲料中加盐时，必须搅拌均匀。二是保证供给充足的饮水。三是利用咸海鱼时，要经充分脱盐后再行加工饲喂。

第七节 狐的其他疾病

一、中暑

日射病和热射病的统称即为中暑。盛夏季节，由于气温过高，通风不良，受阳光直接照射而引起脑过热（日射病）或全身发热（热射病）的一种疾病。该病一般是呈群体突然发生，如处理的不及时，可招致群体死亡。

（一）病症

病狐临床表现，体温迅速升高，精神沉郁，步样摇晃，呈晕厥状态。病狐呼吸困难，气喘不止，张口伸舌，阵发性呕吐，可视黏膜充血、发绀，最后昏迷痉挛而死。死后多见脑充血、肺充血的病理变化。

（二）处理措施

一是迅速对狐场喷洒凉水，并将病狐转移到凉爽、通风、背阴的地方。二是对病狐实施头部冷敷，心机能不全时，及时注射强心剂。三是采取遮光、通风和笼下洒水的办法。

二、乳房炎

本病多因乳腺感染而发生。如仔狐较多，乳汁不足，常咬伤乳头，被细菌感染而发病。另外，由于仔狐死亡，突然中断哺乳，而母狐乳量又大，使乳房蓄积过多的乳汁，也会造成淤滞性乳房炎。

（一）症状

患狐精神不安，在笼中往返徘徊。拒绝仔狐吮乳，食欲减退或废绝。触诊乳腺部红肿发热，乳房基部形成纽扣大小的硬结，部分患狐乳头有伤痕，化脓伤口，严重者精神沉郁、拒食。

(二)治疗

非化脓性乳腺炎可通过按摩和热敷,用0.25%奴夫卡因稀释青霉素或链霉素在乳房患部周围进行多点封闭,短时即可收到较好疗效,必要时每隔2～3天可重复封闭治疗即可。

如果患部化脓、破溃,可用0.3%雷夫奴尔溶液洗涤伤口、创腔,然后涂以消炎软膏并肌肉注射青霉素,连注3～5天即可。

如果患狐拒食,要及时静脉注射5%葡萄糖溶液,维生素C 0.5～1.0毫升。肌肉注射复合维生素B 0.5～1.0毫升。

(三)预防

要注意观察产后母狐的表现,遇有表现不安的或乳汁不足的,应及时检查,尽快将仔狐安排代养,并对症及时治疗。

三、癞皮病

(一)症状

癞皮病是幼狐易患的疾病。病狐临床表现是足下及四肢疏毛部位皮肤龟裂、结痂,似癞蛤蟆皮样,严重的病例,可出现破溃,出血或化脓症状。

(二)治疗

一是给病狐内服维生素C和复合维生素B,结合患部涂抹消炎药膏。二是也可用水杨酸0.2克,冰片0.1克、酒精10毫升制成混合药液,用以涂擦患部,连续处理2周即可痊愈。

附　　录

附录1　养狐常用饲料营养成分和发热量

(1)常用肉类营养成分(克/100克)和发热量(千卡)

饲料名称	水分	蛋白质	脂肪	碳水化合物	灰分	发热量
瘦猪肉	72.2	20.1	6.1		1.1	144
瘦牛肉	76.2	20.6	2.0		1.2	108
瘦羊肉	72.1	19.9	5.4	0.4	1.2	143
瘦马肉	74.2	21.7	2.6	0.5	1.0	115
瘦驴肉	77.4	18.6	0.7			81
家兔肉	72.5	21.7	3.3		1.2	128
鸡肉	74.2	21.5	2.5		0.9	110
鸭肉	74.6	16.5	7.5	0.5	0.9	136
鹅肉	77.1	10.8	11.2		0.9	144
水貂肉	61.6	18.0	12.0		5.0	190
骆驼肉	76.1	20.7	2.2	0.5	0.9	74

(2)常用畜禽副产品饲料营养成分(克/100克)和发热量(千卡)

饲料名称	水分	蛋白质	脂肪	碳水化合物	灰分	发热量
猪肝	71.0	20.1	4.0	3.0	1.8	128
牛肝	69.0	18.9	2.6	9.0	0.9	135
羊肝	68.0	18.5	7.2	4.0	1.4	155
畜肺	80.0	12.5	3.5		1.0	90

续表

饲料名称	水分	蛋白质	脂肪	碳水化合物	灰分	发热量
畜胃	83.9	14.0	1.3		0.8	70
猪脑	79.0	10.2	8.9		1.4	121
牛脑	77.0	10.4	11.0		1.3	141
羊脑	76.0	11.0	11.4		1.6	147
畜鲜血	80.0	16.2	0.2		1.0	75
猪头	58.0	10.5	19.8		15.0	233
牛头	52.3	13.0	8.8		22.0	140
羊头	57.2	11.0	8.3		20.6	130
兔头、兔架	72.2	10.6	3.4		10.4	80
鸡头	56.5	12.1	7.1		17.2	120
禽内脏	76.5	8.5	3.6		0.6	70

(3)常用杂鱼、粉类、乳蛋饲料营养成分(克/100 克)和发热量(千卡)

饲料名称	水分	蛋白质	脂肪	碳水化合物	灰分	发热量
海杂鱼	80.7	13.8	2.3		0.9	84.0
黄花鱼	81.0	17.2	0.7	0.3	0.9	76.0
带鱼	78.0	15.9	3.4	2.0	1.1	100.0
泥鳅鱼	73.5	22.6	2.9		2.2	117.0
鱼粉	2.0	54.5	3.5		30.0	255.0
血粉	10.0	80.0	1.5	1.6	0.4	348.0
蚕蛹粉	10.0	43.1	19.4	5.8	4.1	400
牛乳	87.0	3.1	3.5	6.0	0.7	67
羊乳	87.0	3.8	4.1	5.0	0.9	71
牛乳粉	5.0	25.6	26.7	37.0	6.0	491
脱脂乳粉	7.6	29.0	1.6	37.4	6.5	300
鸡蛋	72.0	14.8	11.6	0.5	1.1	166
鸭蛋	70.0	13.0	14.7	1.0	1.8	186
鹅蛋	70.4	12.9	13.3	1.3	1.1	
去壳毛蛋	67.8	19.0	10.7		2.1	177
饲用酵母	9.0	37.5				300

(4)常用谷、饼、蔬菜类饲料营养成分(克/100 克)和发热量(千卡)

饲料名称	水分	蛋白质	脂肪	碳水化合物	灰分	发热量
玉米粉	12.0	9.0	4.3	72.0	1.3	363
小麦粉	12.0	9.9	1.8	74.0	1.1	352
高粱粉	10.9	8.0	2.9	41.2	2.1	322
小米粉	11.0	13.8	7.8	63.0	2.2	377
大豆粉	5.0	40.0	19.2	28.3	4.5	446
小麦麸	12.8	6.2	1.5	15.2	6.2	105
豆浆	92.0	4.4	1.8	2.0	0.5	42
大豆饼	11.3	43.0	1.2	32.2	6.1	320
花生饼	10.4	30.7	4.3	18.5		236
大白菜	94.0	1.4	0.1	3.0	0.7	19
小白菜	96.0	1.1	0.1	2.0	0.8	13
油菜	92.0	2.0	0.1	4.0	1.4	25
菠菜	93.0	2.0	0.2	2.0	2.0	18
红胡萝卜	89.0	1.0	0.4	8.0	0.7	40
红萝卜	88.5	1.1	0.2	5.3	1.0	29
甜菜	83.0	1.8		8.1	1.5	42
番茄	96.0	0.6	0.3	2.0	0.4	13
马铃薯	79.0	1.9	0.7	16.0	1.2	78
菜果	84.0	0.2	0.1	15.0	0.2	62

附录2　养狐常用药物剂量表

药物名称	单位	用法	剂量	主要作用及用途
一、磺胺、抗生素类药				
复方新诺明	克(0.5/片)	口服或拌饲料	0.5～0.7	抗菌消炎，对溶血性链球菌、脑膜炎球菌、肺炎球菌、葡萄球菌抑制性强
磺胺嘧啶(SD)	克	口服或拌饲料	0.5～0.7	抗菌消炎，对溶血性链球菌、脑膜炎球菌、肺炎球菌、葡萄球菌抑制性强
磺胺脒(SG)	克	口服或拌饲料	0.5～1.0	抗菌消炎，多用于消化道疾病
青霉素G等	国际单位	肌肉注射	20万～40万	抗菌消炎，主要抑制革兰氏阳性细菌感染
链霉素	国际单位	肌肉注射	15万～30万	抗菌消炎，主要抑制革兰氏阴性菌，对结核菌尤为有效
庆大霉素	国际单位	肌肉注射	10万～15万	广谱抗生素，尤对大肠杆菌、绿脓杆菌作用强，适于泌尿、消化呼吸道感染
氯霉素	克	口服	0.4～0.8	广谱抗生素，适用于肠道疾病
合霉素	克	口服	0.05～0.1	多用于细菌性痢疾
土霉素	克	口服	0.3～0.5	广谱抗生素

续表

药物名称	单位	用法	剂量	主要作用及用途
二、解热镇痛药				
安痛定注射液	毫升	肌肉注射	1.0～2.0	解热镇痛
安乃近注射液	毫升	肌肉注射	0.5～1.0	解热镇痛、抗风湿
爱茂尔	毫升	肌肉注射	0.4～0.5	解热、镇痛、止吐
扑热息痛	克	口服	0.2～0.4	解热镇痛
阿司匹林	克	口服	0.2～0.4	解热镇痛
三、整肠健胃药				
胃蛋白酶	克	口服	0.5～1.0	用于消化不良、食欲减退
乳酶生	克	口服	1.5～2.0	用于消化不良、胃肠卡他
人工盐	克	口服	1.5～2.0	助消化、利尿
龙胆末	克	口服	0.5～1.0	苦味健胃剂、用于食欲减退
大黄末	克	口服	0.2～0.5	抗菌健胃、收敛
鞣酸蛋白	克	口服	0.5～1.0	收敛健胃
干酵母片	片	口服	2	健胃、助消化
药用炭	克	口服	0.5～1.0	吸附作用
胃舒平	克	口服	0.5～1.0	健胃剂
大蒜酊	1.5%毫升	口服	2.0～3.0	健胃、制菌
蜂蜜	克	口服	2	缓泻止咳
四、神经兴奋药				
强尔心	毫升	肌肉注射	0.5	增强心机能、兴奋呼吸中枢
樟脑黄酸钠	毫升	肌肉注射	0.5～1.0	强心剂

续表

药物名称	单位	用法	剂量	主要作用及用途
尼可刹米	毫升	肌肉注射	0.5～1.0	强心剂
安那咖	0.05克/毫升	皮下注射	0.5	强心剂
盐酸肾上腺素	毫升	皮下、肌肉注射	0.5	增强心功能用于过敏性休克
五、解毒、利尿药				
硫酸阿托品	毫升	皮下注射	0.3	用于有机磷中毒、解痉、解毒及胃肠绞痛，早期感染性休克
氯磷定	毫升	皮下注射	0.3～0.4	用于有机磷中毒治疗
2%亚甲蓝溶液	毫升	静脉注射	0.5	用于亚硝酸盐中毒治疗
双氢克尿塞	毫升	口服	5～10	利尿，用于各类型水肿辅助治疗
乌洛托品	克	口服	0.3～0.5	用于尿路感染的尿道消毒
速尿注射液	毫升	肌肉注射	0.6～1.0	利尿
六、麻醉镇静药				
0.25%普鲁卡因注射液	毫升	皮下注射	10～20	浸润麻醉、用于难产手术等局部麻醉
乙醚	毫升	吸入	5～10	麻醉剂、用于手术麻醉
10%水合氯醛注射液	毫升	灌肠	15～20	全身麻醉
盐酸氯丙嗪注射液	毫升	肌肉注射	1.0～1.5	催眠镇静、多用于自咬症
安定注射液	毫升	肌肉注射	1.0～1.5	镇静催眠、多用于拒配母狐
冬眠灵（氯丙嗪）	毫克	口服	10～15	镇静止吐、抗惊厥、用于神经异常

续表

药物名称	单位	用法	剂量	主要作用及用途
七、激素类药				
脑垂体后叶素	毫升	肌肉注射	1～2	用于分娩无力、催产用
麦角注射液	毫升	肌肉注射	0.5～1.0	用于分娩无力、催产用
催产素	毫升	肌肉注射	1～2	用于分娩无力、催产用
黄体酮	毫升	肌肉注射	1～2	用于习惯性流产、子宫功能性出血、保胎
八、维生素及滋补药				
5%～10%葡萄糖注射液	毫升	皮下注射、静脉注射	30～40	强心补液利尿解毒滋补营养
乳酸钙	克	口服	0.8～1.0	补钙
麦芽粉	克	口服	2.0～2.5	营养品助消化
鱼肝油	国际单位	口服	1 000～2 000	维持上皮细胞正常机能,繁殖期营养剂
维生素 B_1	毫克	口服	10～15	用于麻痹、多发神经炎
维生素 B_2	毫克	口服	3～5	促生长、增强被毛色素
维生素 B_6	毫克	口服	10～15	促生长、保皮肤、防贫血、止吐
维生素 B_{12}	微克	口服	100～150	用于贫血、肝肾脂肪变性
复合维生素 B	毫克	口服	10～15	参与体内物质代谢
维生素 C	毫克 毫升	口服 肌肉注射	20～25 1～2	抗坏血、增强机体抵抗力、红爪病的治疗
维生素 E	毫克 毫升	口服 肌肉注射	5～10 1.0～1.5	治不育、抗氧化,用于繁殖期及育成狐提高繁殖力
叶酸	毫克	口服	3～5	用于贫血及肝脏疾病治疗

续表

药物名称	单位	用法	剂量	主要作用及用途
钙片	克	口服	1.0～2.0	补钙质、用于佝偻病治疗
九、止血药				
仙鹤草素液	毫升	肌肉注射	2.0	止血、用于各种出血
安络血	毫升	肌肉注射	2.0	用于各种止血
维生素 K_3 液	毫升	肌肉注射	2.0	用于各种止血
十、消毒药				
来苏儿		外用		3%～5%浓度消毒笼舍、器械
氢氧化钠（苛性钠）		外用		3%～5%浓度消毒地面、浸泡食具
漂白粉		外用		0.03%～0.15%用于饮水消毒 0.5%用于食具消毒 10%用于地面消毒
高锰酸钾		外用		0.1%浓度消毒饮食具洗涤化脓创
碘酊		外用		2%用于皮肤消毒、5%用于脓肿创
新洁尔灭		外用		1%用于皮肤消毒
酒精		外用		70%～75%外用消毒

附录3　养狐常用统计数字的概念和计算方法

1.受配率:用于配种期考核母狐交配进度的数字

$$受配率=\frac{达成配种母狐数}{参加配种发情母狐数}\times 100\%$$

2.产仔率(怀胎率):用于考核母狐妊娠情况

$$产仔率=\frac{产仔母狐数(包括流产母狐)}{实配母狐数}\times 100\%$$

3.胎平均产仔数:用于反映母狐产仔能力的指标

$$胎平均产仔数=\frac{产出仔狐数(包括流产死胎仔数)}{产仔母狐数}\times 100\%$$

4.群平均产仔数:用于反映整个狐群产仔能力

$$群平均产仔数=\frac{产仔数(包括流产死胎仔数)}{实配母狐数}\times 100\%$$

5.成活率:用于仔、幼狐培育的好坏指标

$$成活率=\frac{现活仔狐数}{产活仔狐数}\times 100\%$$

6.年增殖率:用于衡量年度狐群变动情况

$$年增殖率=\frac{年末只数-年初只数}{年初只数}\times 100\%$$

7.死亡率:用于反映狐群发病死亡情况

$$死亡率=\frac{死亡只数}{产初只数}\times 100\%$$

附录 4　种公狐与种母狐卡片

表 A　种公狐卡片

狐号：__________　品种：__________　出生：______年______月______日

特征：__________　体况：__________　等级：______

系谱
- 父号：__________
  - 祖父号 ______________
  - 祖母号 ______________
- 母号：__________
  - 外祖父号 ______________
  - 外祖母号 ______________

繁殖情况

年度	总配种次数	配种母狐数	受胎数	产仔数	胎均产数

表B　种母狐卡片

狐号：________　品种：________　出生：____年____月____日

特征：________　体况：________　等级：____

系谱
- 父号：________
  - 祖父号________
  - 祖母号________
- 母号：________
  - 外祖父号________
  - 外祖母号________

繁 殖 情 况

年度	初配日期	复配日期	妊娠天数	产仔数				断乳成活				留种数		
				总计	公	母	死	总计	公	母	成活率	总计	公	母

附录5　养狐消毒与疾病用药

一、消毒

1. 地面消毒：①生石灰；②2.5%的苛性碱溶液喷洒；③3%～5%石炭酸溶液；④5%～10%的煤酚皂溶液。

2. 食具消毒：①0.1%的高锰酸钾溶液；②明发120溶液1∶1 000(醛类)。

3. 笼具及产箱消毒：2.5%的苛性碱溶液或1%～2%碳酸钠溶液喷雾。

4.狐场饲养人员及器具消毒:0.1%新洁尔灭。

5.外伤及生殖系统消毒:0.1%高锰酸钾溶液,0.05%新洁尔灭溶液,1%~2%双氧水。

二、主要疾症用药

(一)病毒性肠炎

(1)狐貂快好:重症第1日注射4毫升/(只·次·日),8小时后肌肉注射2毫升;从第2日每日2次,每次2毫升,连续3天。

(2)宠爱2号:第1日1次注射4毫升,8小时后肌肉注射2毫升;从第2日每日2次,每次2毫升,连续3天。

(3)轻者口服白龙散(成分为白头翁+黄连霉素):按产品说明给药,和入温食里1.5~2克/只,连服3天。

(二)肠炎型巴氏杆菌病

重症:宏安(庆大+阿米卡星+林可霉素)水溶液肌肉注射,同时和入温食里1.5~2克/只,连服3天。轻者口服:新霉素可溶性粉 按产品说明书给药,方法同上。

(三)乳房炎

主要用药成分为青霉素、链霉素。炎症周围0.25%奴佛卡因稀释青霉素或链霉素,多点封闭治疗;局部化脓者肌肉注射80万单位青霉素,2次/日,连续3天。

(四)狐食毛症

补饲电解多维,保证饲粮中多种营养平衡;同时预防性驱虫。每10天加喂阿维菌素或伊维菌素片(粉、针),片剂:1片/(只·日);粉剂:0.5克/(只·日);针剂:0.5毫升/(只·日)。

(五)狐膨胀病

(幼兽多发)①预防:加喂乳酶生。研粉,2片/只,隔3天喂1次;②治疗:胃复安、庆大肌肉注射1毫升/只,2次/日,连续3天。

（六）狐脑炎

（1）预防（未注射疫苗前）幼兽喂服复方新诺明 1 片/只，1 次/日，每 10 天 1 疗程。

（2）治疗：华西精品（磺胺嘧啶）或增效磺胺嘧啶或脑炎清（磺胺嘧啶），肌肉注射 1 毫升/只，2 次/日，连续 3 天。

（七）狐子宫内膜炎

（交配期多发）治疗：①肌肉注射 25％奴佛卡因；②肌肉注射青霉素 80 万单位，安痛定（氨林巴比妥）2 毫升，2 次/日，连续 3 天；③氟哌酸（乳酸诺氟沙星）2 毫升/只，2 次/日肌肉注射。

（八）缺奶症

①多效催乳针（垂体后叶素）肌肉注射 1 毫升/只 1 次。②催乳针＋2 mL 蒸馏水肌肉注射 1 次。效果不明显的，第 2 日加注 1 次。

（九）氯化物农药中毒

内服碱性药物、碳酸氢钠或氯化镁，也可用 3 克氢氧化钙＋100 毫升水，取清液灌服。

（十）食盐中毒

一般大量给予饮水即可。

（十一）传染性肝炎

肌肉注射：猫犬救急（恩诺沙星）第 1 次 4 毫升/（只・次），8 小时后再行肌肉注射 2 毫升，连续 3 天。青霉素 80 万单位（人用药）＋2 毫升安痛定肌肉注射 2 次/日，连续 3 天。

（十二）犬瘟热

预先接种疫苗预防发病。治疗：狐貂貉瘟毒康肌肉注射 2 毫升/只，2 次/日。

（十三）秃毛癣

（1）内外驱（大连赛姆，每袋 15 克），成年狐每袋分成 20 份，每只每天 1 份，边喂 7 天，幼崽分窝前后多每袋分成 75 份，每只每天

1份，连喂3天；成年狐每袋分90份，每只每天1份，连喂3天；幼崽每袋分成180份，每只每天1份，连喂3天。

(2)25%的漂白粉溶液涂抹患处。

(十四)大肠杆菌病

(1)预防：饲喂土霉素粉，2克/只，每10天1次。

(2)治疗：①肌肉注射庆大霉素2毫升/(只·次)，每天2次。②诺氟沙星2毫升/只，2次/日，幼崽减半。③狐貂快好(小诺霉素+病毒唑)2毫升/只，2次/日。④口服：新霉素0.025克/千克体重或土霉素0.025克/千克体重。

(十五)沙门氏菌病

圣达七针(25%长效土霉素)2毫升/只，2次/日，连用3天。防治：新霉素可溶性粉剂，每7天1次，2克/只，逢阴天1次/日，2克/只。

(十六)渗出性肋膜炎

青霉素肌肉注射80万单位，2次/日，鼻镜干燥者用安痛定或青霉素、链霉素并用5万单位/千克体重，2次/日。

(十七)狐炭疽

(1)青霉素80万单位，每日2次。

(2)青霉素、链霉素并用，5万单位/千克体重，2次/日。

大连赛姆素2.5万～10万单位/千克体重，土霉素2.5万单位/千克体重；链霉素3万单位/千克体重，肌肉注射2次/日。

(十八)口炎

(1)1%高锰酸钾或3%双氧水清洗口腔。

(2)重症感染者，可用青霉素或链霉素80万单位肌肉注射，2次/日。

(十九)维生素缺乏症

常见有维生素B、维生素A、维生素C、维生素E、维生素D等缺乏症。

(1)治疗:针对所缺维生素给予相应的补充,有些重症:(一般维生素B、维生素C缺乏)可皮下注射。

(2)预防:平时饲喂电解多维,1次/日,2克/只。

(二十)尿湿症

(1)治疗:青霉素80万单位和维生素E 1毫升1次皮下注射,连用2～3天。

(2)维生素B_1肌肉注射2毫升/只,连用2～3天。

(3)氯化铵针剂2毫升/只,2次/日,连用2～3天。

(二十一)幼狐胃肠炎

(1)治疗

①青霉素10万～20万单位,肌肉注射2次/日。②土霉素或氯霉素0.25～0.5克/只,维生素B_1 50～100毫克/只,混合1次内服,1次/日。③黄连素0.5毫升,维生素B 1.5毫升,肌肉注射1次/日。

(2)预防:每7天投喂1次土霉素、四环素粉,2克/只。

(二十二)出血性胃肠炎

(1)预防:每7天投喂土霉素粉2克/只。

(2)治疗:病初内服硫酸钠或硫酸镁每只3克左右。皮下汴射青霉素80万单位,链霉素0.5～1克,2次/日。

(二十三)卡他性胃炎

(1)内服氯霉素或四环素0.25～0.5克/只,2次/日,连续服用。

(2)肌肉注射青霉素80万单位,2次/日,同时皮下注射维生素B 0.5毫升/只。

(二十四)生殖系统炎症

(1)肌肉注射青霉素80万单位/只,1次/日。

(2)内服氟哌酸、复方新诺明(按说明)。

(3)肌肉注射产后康、狐貉快好(小诺霉素、病毒唑)(按说明)。

(二十五)红爪病

(1)治疗:幼崽出生滴喂维生素C水2～3滴,同时滴喂复合维生素B 0.2毫升/只。

(2)预防:母兽怀孕后,每日饲喂维生素C水2毫升/只,至幼崽出生后7天。

(二十六)加德那氏病

(1)青霉素肌肉注射80万单位/只,2次/日。

(2)犬狐貉快好0.1～0.2毫升/千克体重,肌肉注射1次/日。

(二十七)附红细胞体病

(1)圣达土针(25%长效土霉素)2毫升/只,2次/日。

(2)口服四环素或新诺明粉1～2克/只,1次/日,同时配合维生素C、维生素B_{12}。

(二十八)自咬

(1)治疗:①盐酸氯丙嗪0.5毫升/只,维生素B_1 1毫升/只,烟胺0.5毫升/只皮下注射。②用2%的普鲁卡因2毫升后,海穴注射。

(2)预防 :口服21-金维他(200克拌于100千克料中)。

(二十九)维生素B_6缺乏症

定期每10日饲喂维生素B_6 2毫升/只,片剂3～4片/只。

(三十)母兽难产

(1)肌肉注射缩宫素1毫升/只,间隔20～30分钟后,可重复注射1次。

(2)肌肉注射脑垂体后叶素1毫升/只,间隔20～30分钟后,可重复注射1次。

(三十一)狐白鼻子头病

肌肉注射复合维生素B 2毫升/只,1次/日,连用1周。

(三十二)着重预防的几种病

(1)狐的酸败脂肪中毒:含脂高的饲料不宜长期存放,发现脂肪饲料酸败要一律放弃。

(2)狐弓形体病:①利用可疑肉及副产品需要－20℃左右冻透解冻后杀菌完全才能饲喂。②皮下注射维生素 B＋维生素 C＋40％葡萄糖液。

(3)布氏杆菌病:①淘汰血清检查阳性病狐。②定期消毒。

(4)李氏杆菌病:隔离淘汰用 5％来苏儿,2.5％苛性碱或福尔马林等溶液对场地\笼位等消毒,防止啮齿类和野兽进入狐场。

(5)白肌病:日粮中添加适量维生素 E 或大麦芽,治疗可肌肉注射维生素 E 针剂,10 毫克/只,饲喂,生物硒\维生素 E 粉。

(6)日晒病(中暑):兽场地面常洒水降温,加强通风,采取遮阳措施。

参考文献

[1] 李光玉,等.高效养狐技术一本通.北京:化学工业出版社,2008.

[2] 王忠贵.家庭高效养狐新技术.北京:科学技术文献出版社,2006.

[3] 杨宏军.狐狸标准化饲养新技术.北京:中国农业出版社,2005.

[4] 卫功庆.科学养狐及产品加工150问.北京:中国农业出版社,2005.

[5] 覃能斌,等.实用养狐技术大全.北京:中国农业出版社,2003.

[6] 朴厚坤,等.科学养狐问答.北京:中国农业出版社,2002.

[7] 朴厚坤,等.实用养狐技术.2版.中国农业出版社,2002.

[8] 白秀娟.简明养狐手册.北京:中国农业大学出版社,2002.

[9] 赵世臻.狐的人工授精与饲养.北京:金盾出版社,1999.

[10] 杨嘉实,等.中国特产动物营养需要及饲料配制技术.北京:中国科学技术出版社,1994.

[11] 佟煜人,等.中国毛皮兽饲养技术大全.北京:中国农业科技出版社,1990.

图书在版编目(CIP)数据

科学养狐技术/郑庆丰主编．—北京：中国农业大学出版社，2009.3

ISBN 978-7-81117-623-0

Ⅰ．科…　Ⅱ．郑…　Ⅲ．狐-驯养　Ⅳ．S865.2

中国版本图书馆 CIP 数据核字(2009)第 179460 号

书　名　科学养狐技术

作　者　郑庆丰　主编

策划编辑　赵　中　　**责任编辑**　孟　梅

封面设计　郑　川　　**责任校对**　陈　莹　王晓凤

出版发行　中国农业大学出版社

社　址　北京市海淀区圆明园西路 2 号　　**邮政编码**　100193

电　话　发行部 010-62731190,2620　　读者服务部 010-62732336

编辑部 010-62732617,2618　　出　版　部 010-62733440

网　址　http://www.cau.edu.cn/caup　　**e-mail** cbsszs@cau.edu.cn

经　销　新华书店

印　刷　北京鑫丰华彩印有限公司

版　次　2009 年 3 月第 1 版　　2009 年 3 月第 1 次印刷

规　格　850×1 168　　32 开本　　5.75 印张　　138 千字

印　数　1～3 000

定　价　11.00 元